剪下隨身攜帶
基因色卡

色卡的製作方法

① 沿虛線（-------）剪下
② 用打洞機打孔
③ 穿過字卡扣環，完成！

春季型
Spring
TYPE

① 蜜桃粉	② 哈密瓜粉	③ 珊瑚粉
④ 極光粉	⑤ 康乃馨粉	⑥ 紅鶴粉
⑦ 亮珊瑚粉	⑧ 緋紅	⑨ 罌粟紅
⑩ 蜜黃	⑪ 香蕉牛奶	⑫ 晶瑩橘
⑬ 向日葵	⑭ 金黃	⑮ 嫩綠
⑯ 春綠	⑰ 鸚鵡綠	⑱ 果綠
⑲ 海水藍	⑳ 漾彩藍	㉑ 土耳其藍
㉒ 暖灰	㉓ 番紅花	㉔ 三色堇
㉕ 暮光藍	㉖ 淺米褐	㉗ 焦糖棕
㉘ 杏仁棕	㉙ 咖啡棕	㉚ 乳白

【背面的使用方法】

寫上想買的單品或已有的
款式，購物更便利！

<table>
<tr><td>☐</td><td>☐</td><td></td><td>☐</td><td>☐</td><td></td><td>☐</td><td>☐</td></tr>
<tr><td>☐</td><td>☐</td><td></td><td>☐</td><td>☐</td><td></td><td>☐</td><td>☐</td></tr>
<tr><td>☐</td><td>☐</td><td></td><td>☐</td><td>☐</td><td></td><td>☐</td><td>☐</td></tr>
</table>

<table>
<tr><td>☐</td><td>☐</td><td></td><td>☐</td><td>☐</td><td></td><td>☐</td><td>☐</td></tr>
<tr><td>☐</td><td>☐</td><td></td><td>☐</td><td>☐</td><td></td><td>☐</td><td>☐</td></tr>
<tr><td>☐</td><td>☐</td><td></td><td>☐</td><td>☐</td><td></td><td>☐</td><td>☐</td></tr>
</table>

<table>
<tr><td>☐</td><td>☐</td><td></td><td>☐</td><td>☐</td><td></td><td>☐</td><td>☐</td></tr>
<tr><td>☐</td><td>☐</td><td></td><td>☐</td><td>☐</td><td></td><td>☐</td><td>☐</td></tr>
<tr><td>☐</td><td>☐</td><td></td><td>☐</td><td>☐</td><td></td><td>☐</td><td>☐</td></tr>
</table>

<table>
<tr><td>☐</td><td>☐</td><td></td><td>☐</td><td>☐</td><td></td><td>☐</td><td>☐</td></tr>
<tr><td>☐</td><td>☐</td><td></td><td>☐</td><td>☐</td><td></td><td>☐</td><td>☐</td></tr>
<tr><td>☐</td><td>☐</td><td></td><td>☐</td><td>☐</td><td></td><td>☐</td><td>☐</td></tr>
</table>

<table>
<tr><td>☐</td><td>☐</td><td></td><td>☐</td><td>☐</td><td></td><td>☐</td><td>☐</td></tr>
<tr><td>☐</td><td>☐</td><td></td><td>☐</td><td>☐</td><td></td><td>☐</td><td>☐</td></tr>
<tr><td>☐</td><td>☐</td><td></td><td>☐</td><td>☐</td><td></td><td>☐</td><td>☐</td></tr>
</table>

<table>
<tr><td>☐</td><td>☐</td><td></td><td>☐</td><td>☐</td><td></td><td>☐</td><td>☐</td></tr>
<tr><td>☐</td><td>☐</td><td></td><td>☐</td><td>☐</td><td></td><td>☐</td><td>☐</td></tr>
<tr><td>☐</td><td>☐</td><td></td><td>☐</td><td>☐</td><td></td><td>☐</td><td>☐</td></tr>
</table>

<table>
<tr><td>☐</td><td>☐</td><td></td><td>☐</td><td>☐</td><td></td><td>☐</td><td>☐</td></tr>
<tr><td>☐</td><td>☐</td><td></td><td>☐</td><td>☐</td><td></td><td>☐</td><td>☐</td></tr>
<tr><td>☐</td><td>☐</td><td></td><td>☐</td><td>☐</td><td></td><td>☐</td><td>☐</td></tr>
</table>

<table>
<tr><td>☐</td><td>☐</td><td></td><td>☐</td><td>☐</td><td></td><td>☐</td><td>☐</td></tr>
<tr><td>☐</td><td>☐</td><td></td><td>☐</td><td>☐</td><td></td><td>☐</td><td>☐</td></tr>
<tr><td>☐</td><td>☐</td><td></td><td>☐</td><td>☐</td><td></td><td>☐</td><td>☐</td></tr>
</table>

<table>
<tr><td>☐</td><td>☐</td><td></td><td>☐</td><td>☐</td><td></td><td>☐</td><td>☐</td></tr>
<tr><td>☐</td><td>☐</td><td></td><td>☐</td><td>☐</td><td></td><td>☐</td><td>☐</td></tr>
<tr><td>☐</td><td>☐</td><td></td><td>☐</td><td>☐</td><td></td><td>☐</td><td>☐</td></tr>
</table>

<table>
<tr><td>☐</td><td>☐</td><td></td><td>☐</td><td>☐</td><td></td><td>☐</td><td>☐</td></tr>
<tr><td>☐</td><td>☐</td><td></td><td>☐</td><td>☐</td><td></td><td>☐</td><td>☐</td></tr>
<tr><td>☐</td><td>☐</td><td></td><td>☐</td><td>☐</td><td></td><td>☐</td><td>☐</td></tr>
</table>

剪下隨身攜帶
基因色卡

色卡的製作方法

夏季型
Summer
TYPE

① 沿虛線（-------）剪下
② 用打洞機打孔
③ 穿過字卡扣環，完成！

① 嬰兒粉	② 粉紅佳人	③ 極光粉
④ 麝香豌豆粉	⑤ 經典玫瑰	⑥ 草莓粉
⑦ 覆盆子	⑧ 紫丁香	⑨ 紫藤花
⑩ 薰衣草紫	⑪ 薰衣草藍	⑫ 錦葵紫
⑬ 蘭花紫	⑭ 嬰兒藍	⑮ 天空藍
⑯ 藍絲帶	⑰ 皇家藍	⑱ 靛藍
⑲ 薄荷綠	⑳ 孔雀綠	㉑ 綠松石綠
㉒ 柑橘黃	㉓ 香檳金	㉔ 玫瑰棕
㉕ 可可棕	㉖ 薄霧灰	㉗ 天空灰
㉘ 月光石	㉙ 闇影藍	㉚ 棉花糖

【背面的使用方法】

寫上想買的單品或已有的
款式，購物更便利！

秋季型
Autumn
TYPE

色卡的製作方法

① 沿虛線（------）剪下
② 用打洞機打孔
③ 穿過字卡扣環，完成！

① 杏桃	② 鮭魚粉	③ 楓機紅
④ 紅銅	⑤ 珊瑚紅	⑥ 玉蜀黍
⑦ 番紅花黃	⑧ 莫蘭迪黃	⑨ 南瓜橘
⑩ 暗橘	⑪ 甜椒橘	⑫ 辛辣橘
⑬ 綠葡萄	⑭ 翡翠綠	⑮ 草原綠
⑯ 橄欖綠	⑰ 苔蘚綠	⑱ 叢林綠
⑲ 尼羅藍	⑳ 水鴨藍	㉑ 藍黑
㉒ 茄子	㉓ 可頌褐	㉔ 紅糖棕
㉕ 栗子棕	㉖ 摩卡棕	㉗ 苦甜巧克力
㉘ 泥灰	㉙ 亞麻灰	㉚ 香草白

【背面的使用方法】

寫上想買的單品或已有的
款式，購物更便利！

色卡的製作方法

① 沿虛線（------）剪下
② 用打洞機打孔
③ 穿過字卡扣環，完成！

冬季型
Winter
TYPE

① 珍珠粉	② 蘭花粉	③ 山茶花粉
④ 桃紅	⑤ 紫紅	⑥ 紫玉蘭
⑦ 帝國紅	⑧ 酒紅	⑨ 葡萄酒
⑩ 水晶紫羅蘭	⑪ 紫羅蘭	⑫ 皇家紫
⑬ 薄霧清晨	⑭ 太平洋藍	⑮ 亮藍
⑯ 東方藍	⑰ 青金石	⑱ 午夜藍
⑲ 水晶綠	⑳ 孔雀石	㉑ 墨綠
㉒ 英國綠	㉓ 月光	㉔ 鮮黃
㉕ 水晶	㉖ 勃根地紅	㉗ 銀灰
㉘ 鐵灰	㉙ 祕密黑	㉚ 雪白

【背面的使用方法】

寫上想買的單品或已有的
款式，購物更便利！

Spring

顔色診断表

Summer

類型

顔色診断表

Autumn

_____

類型

Winter

骨架分析 X 基因色彩 = 史上最強最美穿搭術!

二神弓子／著　蘇暐婷／譯

前言

約二十年前，我接觸了「骨架分析」與「基因色彩診斷」理論。診斷推薦的衣服，是我平常絕對不會穿的款式。在理論中，我是「波浪型╳夏季型」。適合我的服裝是斜紋軟呢兩件式迷你裙套裝，顏色是淺淺的水藍。我一直很厭惡這種款式，覺得根本不適合我。我的身材高挑、外型成熟，個性又好強，對可愛的衣服總是敬而遠之，包含我在內，身邊的人比起裙子，都更愛穿直筒褲，套裝也都是選合身的，顏色則是黑灰白與棕色系……我一直認為自己適合這樣的打扮。然而，當我試著穿上推薦的衣服，鏡中的自己卻令我訝異得合不攏嘴。一直以為不適合的裝扮，看起來是那麼自然。身旁的人也都稱讚我「感覺不一樣了，變得好美！」此時，我才發覺過去的穿著對我而言太勉強了，並不是那麼適合我，也讓我意識到——原來我完全不曉得自己適合什麼樣的衣服。

由於從事形象顧問的工作，我得以不斷聽取顧客的心聲，繼而發現一個有趣的現象——多數人都傾向追求「與自己不同的特質」。就連喜愛的女星，也都是和自身有極大不同的類型。在此前提下所挑選的衣服、髮型、妝容，便不是最能展現自身優勢的選項。

「骨架分析」與「基因色彩診斷」理論，並不是在告訴我們「哪些裝扮最適合」，而是在教我們「什麼樣的穿搭最能展現自己的美」。瞭解哪些顏色、設計能將自我這份素材漂亮地突顯出來，其實也是在幫助我們瞭解自己。希望大家都能透過這個方法掌握自身魅力，體會展現美的喜悅，讓人生變得更美好，那將是我莫大的榮幸。

二神弓子

明明衣服很漂亮，
<u>穿起來</u>
<u>卻土土的</u>

<u>買了許多衣服</u>
卻沒在穿

不知道自己適合
什麼樣的服裝……

<u>穿起來</u>
<u>很胖</u>

老是穿
<u>同樣的衣服</u>

連是否
<u>適合自己</u>
都搞不清楚

衣櫃裡有
喜歡卻不適合
的衣服

買衣服很
花時間

覺得自己
缺乏穿搭的
美感

教妳運用
「史上最強最美穿搭術」！

不曉得
該穿什麼顏色，就
先穿黑色

明明有很多衣服，
每天早上卻
不知道該穿什麼

對體型自卑

最強最美穿搭術的三大條件

穿得美美的
關鍵！

1
【 設計 】

服裝的造型、花紋、剪裁是否合適，
會依據我們與生俱來的身體線條特
徵而定。

散發女人味的
關鍵！

2
【 材質 】

我們與生俱來的體格會特別適合某
些布料。適當的材質能襯托出穿衣
人的魅力。

3
【 顏色 】

挑選適合天生膚色的服裝顏色，能
讓印象有一百八十度的大轉變。

看起來有精神的
關鍵！

瞭解適合自己的設計、材質、顏色，
每個人都能穿出時尚感！

找出「命定品項」的魔法準則

【 設計・材質 】

【 顏色 】

— 準則 ❶ —

進行
「骨架分析」！

找出什麼樣的設計與材質，適合自己天生的骨架、體態、膚質等等。

▶ **Part 1** （P. 11～）

— 準則 ❷ —

進行
「基因色彩
診斷」！

從與生俱來的膚色，找出適合肌膚、頭髮、眼睛的色彩。

▶ **Part 2** （P. 51～）

透過這兩大準則，

找出真正適合且實穿的服裝！ ⟶ 用命定品項配出24 種穿搭！

▶ **Part 3** （P. 73～）

不必再買多餘的衣服！

衣服少少也能穿得美美！

早上挑衣服好輕鬆！

擁有自信，愛上穿搭！

CONTENTS

Part 1　透過骨架分析，找出命定的設計與素材！

Part 2　透過基因色彩診斷，找出適合的顏色！

Part 3　掌握適合自己的款式及穿搭！

Part 4 打造完美衣櫃的 五堂課

本書刊登的穿搭品項為 2016 年 11 月的商品。部份同款商品現在可能已無販售，敬請見諒。

Part

1

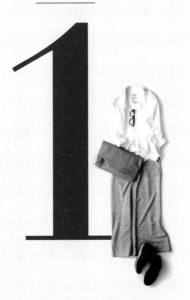

透過骨架分析，
找出命定的
設計與材質！

—

只要進行「骨架分析」，就能知道哪些服裝的設計與材質適合我們。
透過 3 種骨架類型，找出能襯托妳魅力的款式吧！

什麼是骨架分析？

骨架分析依肌肉、脂肪的分佈，分為三種類型，
能幫助我們找出適合的穿搭！

藉由骨架分析，我們能從身體與生俱來的「質感」、「線條特色」，找出讓自己的體態最漂亮的設計與材質。分析結果分為「直筒型」、「波浪型」、「自然型」三種。與胖瘦、年齡、身高無關，每個人都能透過骨架分析，掌握適合自己的設計與材質，藉由時尚穿搭來提昇魅力。

STRAIGHT　　WAVE　　NATURAL

選對「設計」與「材質」，每個人都能很美！

透過骨架分析
找出適合的穿搭！

有些看起來很漂亮的衣服，穿在自己身上就顯得不美了，妳有過這樣的經驗嗎？這是因為沒有挑到適合自己體態的「設計」與「材質」。利用骨架分析，掌握「適合的款式」，就能提昇挑衣服的眼光，當個優雅的時尚美女。

＼　骨架分析的優點　／

・營造亮麗形象
・顯瘦苗條
・完美駕馭
・襯托與生俱來的女人味
・看起來優雅迷人

【 三種骨架類型 】

Straight

直筒型

帶有厚度
前凸後翹的身材

適合
的是

簡約大方的
款式

因為身體有厚度，所以能駕馭造型簡單的基本款。適合比較挺、有質感的布料。

 ❯ P.**18**

Wave

波浪型

纖瘦單薄
曲線柔和的身材

適合
的是

華麗、溫柔的
款式

因為身體沒有厚度，所以能駕馭帶有裝飾的款式。適合薄而輕柔的布料。

 ❯ P.**24**

Natural

自然型

骨架、關節明顯
有稜有角的身材

適合
的是

寬鬆、休閒的
款式

骨架很明顯，能駕馭寬鬆、休閒的款式。適合質感比較粗獷的布料。

❯ P.**30**

翻到下一頁立即診斷！

13

骨架分析

診斷妳的骨架類型。

回答以下 12 道題目，在符合的選項內打勾吧。

· 多找幾位朋友、家人比較身體特徵，會更容易掌握。
· 骨架類型與胖瘦無關。
若真的很在意，不妨想成「當我是標準體型時」。

Q.1 手（從手腕到手指）的大小特徵是？

☐ 跟身高和體型比起來偏小 … **a**
☐ 跟身高和體型比起來大小剛剛好 … **b**
☐ 真身高和體型比起來偏大 … **c**

Q.2 手指關節的大小是？

☐ 小 … **a**
☐ 普通 … **b**
☐ 大。通過第二關節的戒指能在手指根部轉圈 … **c**

Q.3 手腕的特徵是？

☐ 細細的，剖面接近圓形 … **a**
☐ 寬而薄，剖面扁扁的 … **b**
☐ 骨頭很明顯 … **c**

Q.4 手腕隆起處的骨頭特徵是？

☐ 很小，幾乎看不見 … **a**
☐ 大小普通、看得見 … **b**
☐ 非常突出或很大 … **c**

Q.5 手掌的特徵是？

□ 手掌厚厚的 … ⓐ
□ 手掌薄薄的 … ⓑ
□ 不算厚，但手掌上的筋很明顯 … ⓒ

Q.6 頸部的特徵是？

□ 感覺偏短 … ⓐ
□ 感覺偏長 … ⓑ
□ 粗粗的，筋很明顯 … ⓒ

Q.7 鎖骨的特徵是？

□ 很小，幾乎看不見 … ⓐ
□ 細細的，看得見 … ⓑ
□ 很大，很清楚 … ⓒ

Q.8 大腿、小腿的特徵是？

□ 大腿粗，小腿細又直 … ⓐ
□ 大腿細，小腿粗且容易向外彎 … ⓑ
□ 大腿無肉，小腿骨頭粗 … ⓒ

Q.9 膝蓋的特徵是？

□ 小小的，不明顯 … ⓐ
□ 不會太大，也不會太小 … ⓑ
□ 大大的 … ⓒ

Q.10 身材整體的特徵是？

☐ 厚厚的，肉肉的 … ⓐ
☐ 薄薄的，不夠前凸後翹 … ⓑ
☐ 骨頭很明顯，沒什麼肉 … ⓒ

Q.11 腳的特徵是？

☐ 跟身高和體型比起來偏小 … ⓐ
☐ 跟身高和體型比起來大小剛剛好 … ⓑ
☐ 跟身高和體型比起來偏大 … ⓒ

Q.12 不適合的款式是？

☐ 穿布料偏軟的款式看起來會變胖 … ⓐ
☐ 穿運動休閒風感覺土土的 … ⓑ
☐ 穿合身的款式看起來很壯 … ⓒ

┤ 分析結果 ├

診斷下來，妳的 ⓐ、ⓑ、ⓒ 哪一個數量最多呢？
最多的就是妳的骨架類型。

ⓐ … Straight　　ⓑ … *Wave*　　ⓒ … *Natural*

往 P.18　　　　往 P.24　　　　往 P.30

不知該怎麼答題時，可以參考右頁及 P.50

分析重點

實際摸摸看別人的骨架特徵，比較一下最清楚。
快來掌握各部位的重點吧。

check 1

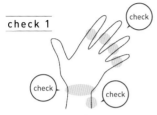

手腕、手指的關節

輕輕握住手腕，這樣是寬是厚就
一目瞭然了。手腕隆起處與指關
節處用眼睛仔細觀察即可。

check 2

手掌的厚度

把手張開從側面看，觀察看看。
看不出來時，可以摸摸看別人的
手掌比較一下。

check 3

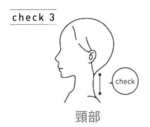

頸部

判斷從頭的根部到肩膀的距離偏
長或偏短。用手指量長度再比
較，就很清楚了。

check 4

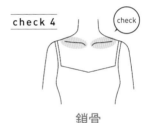

鎖骨

確認鎖骨的大小與是否明顯。先
看看鎖骨有沒有突出，有的話再
判斷粗細。

check 5

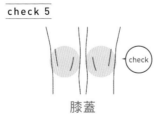

膝蓋

站著將手掌放在膝蓋上，確認膝
蓋的大小及骨頭是否突出。

Straight

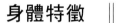

‖ 身體特徵 ‖

正面

帶有厚度，
前凸後翹的迷人身材

整體很有立體感、前凸後翹，感覺得到肌肉。重心偏上半身，皮膚緊緻有彈性。

頸部
長度與身高相比偏短，脖子到肩膀的距離也比較短。

胸口
肌肉有彈性，鎖骨不太明顯。

腰部
胸部到腰距離短，腰的位置偏高。

肌膚的質感
膚質緊緻有彈性。

膝蓋
膝蓋小，不顯眼。大腿偏粗但小腿細，對比明顯。

★ ★ ★
本體型的女星

米倉涼子、藤原紀香、
上戶彩、深田恭子、武井咲、
石原聰美、長澤雅美、
瑪丹娜

手

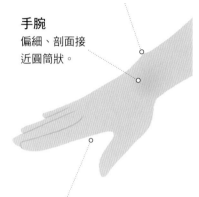

手腕隆起處
骨頭小、突起幅度
不明顯。

手腕
偏細、剖面接
近圓筒狀。

手掌、手指
手掌小而厚，有彈
性。關節不明顯。

側面

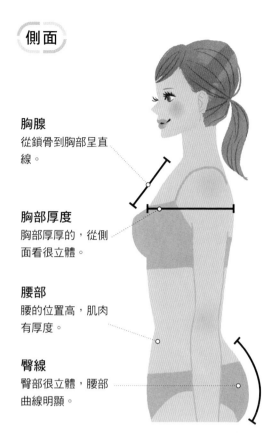

胸腺
從鎖骨到胸部呈直
線。

胸部厚度
胸部厚厚的，從側
面看很立體。

腰部
腰的位置高，肌肉
有厚度。

臀線
臀部很立體，腰部
曲線明顯。

背部

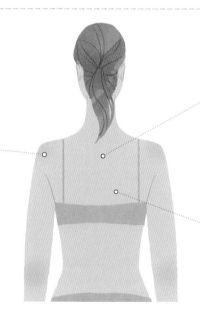

肩膀
摸下去感覺到的不
是骨頭，而是緊緻
的肌肉。

脊椎
摸脖子下方脊椎起始
處，能感覺到肌肉，
脊椎不明顯。

肩胛骨
不太明顯。摸下去會
感覺到肩胛骨上緊緻
的肌肉。

‖ 適合的款式 ‖

簡單大方的設計

身材立體迷人、帶有厚度的直筒型人，適合裝飾少、簡單大方的基本款。最好能挑布料有質感的款式，拉出筆直的線條，好讓身體看起來不顯胖。可搭配高雅大方的配件襯托魅力。

上衣

挑選胸前剪裁往下拉、讓頸部及胸口看起來清爽的款式。帶荷葉邊或其它裝飾的衣服容易令身體顯厚、顯胖。尺寸要挑不大不小剛剛好的。

◎…基本款襯衫、夾克、V領針織衫等。

×…蓬蓬袖、一字領上衣等。

下著

圓裙顯胖，緊身褲又太肉。建議選不強調大腿、能顯露纖細小腿及臀部線條的窄裙或直筒褲。

◎…直筒褲、窄裙等。

×…圓裙、緊身褲等。

これ些不適合……

蓬蓬袖
上半身看起來會臃腫。上衣最好選沒有裝飾的款式。

緊身褲
雖然簡單俐落，但看起來會肉肉胖胖的。

穿衣關鍵字

簡單、基本款、有質感、清爽

進一步掌握適合哪些款式！

＊款式列表 → P.44～49
＊嚴選單品 → P.76～109
＊無限穿搭 → P.110～123

‖ 適合的材質、花紋 ‖

材質

挑選較挺
而有質感的布料

直筒型人的肌膚有彈性，適合搭配厚實、較挺且有質感的布料，藉此烘托優雅迷人的女人味。丹寧適合無刷破的款式。

 天鵝絨、雪紡紗、尼龍、毛海、麻、斜紋軟呢、漆皮、牛皮

棉

紋路細膩、乾淨、有質感的款式。

羊毛

以細線編成、高品質的款式。例如壓縮羊毛或高針數針織布。

緞面

不會太軟、挺而有質感的款式。例如絲棉。

燈芯絨

條紋細膩、乾淨的款式。

丹寧

乾淨的款式。不要抽鬚、刷破、洗舊。

皮革

較挺、有質感的款式。避免太過光亮。若是小配件，可以選有壓紋的。

其他…較厚的絲質、喀什米爾羊毛

花紋

大而清晰的花色

直筒型適合大花紋，好讓曲線更明顯，也可以配色彩對比鮮明的款式。不論圓點或碎花都要選大一點的，這樣就能既華麗又有女人味。

 小碎花、迷彩、變形蟲圖騰、豹紋、卡通圖案

直條紋

直條紋是拉出筆直線條的好拍檔。可以當作簡約穿搭中的點綴。

圓點

大一點的圖樣。小圓點會讓身體看起來變大，要盡量避免。

碎花

模樣大一點、顏色對比鮮明清晰的款式。不適合小碎花。

植物花紋

模樣大一點、色彩對比鮮明的款式。避免顏色過淡。

格子

大格、紋路清晰的菱形格紋，以及形象較正式的Burberry格紋。

橫條紋

寬度大、色彩對比鮮明的款式。不適合顏色淺的細條紋。

‖ 適合的配件 ‖

Bag 包包

- 體積較大
- 底部較寬
- 材質較挺
- 凱莉包或柏金包
- 波士頓包或可以站立的

 NG　尺寸太小、有縫線加工、肩背帶太細

Hat 帽子

- 簡單、裝飾少的
- 中性、不過於休閒的
- 紳士帽
- 高針數針織帽

NG　漁夫帽、有緞帶的帽子、太休閒的草帽、低針數針織帽

Shoes 鞋子

- 簡單、無裝飾
- 霧面皮革
- 不過於休閒的款式
- 跟鞋
- 基本款樂福鞋
- 短靴
- 帆布鞋

 NG　娃娃鞋、長靴、膝上靴、雪靴、腳踝毛毛靴

Accessories 飾品

適合設計簡約、有氣質的款式。

A 項鍊
　造型簡單

B 針式耳環、夾式耳環
　造型大一點的非垂墜款式

C 手鍊、手環
　造型經典、優雅

D 手錶
　經典款式
　錶面：圓形、正方形
　錶帶：皮革、不鏽鋼

材質 鑽石或紅寶石等寶石
　　　 金、銀、白金
　　　 珍珠（大小8mm以上）

項鍊的長度

❶ 馬汀尼型（55cm）
❷ 歌劇型（80cm）
❸ 結繩型（110cm）

其它
絲巾 100％純絲的高質感款式、經典花紋款
披肩 大且具有厚度的款式
胸針 造型簡單、呈直線的款式

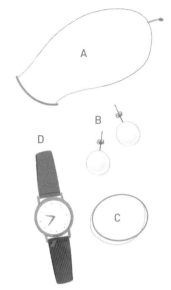

Hairstyle 髮型

適合清爽俐落的髮型。最好是直髮，或只有髮尾有弧度的卷髮。

\ 盤髮！/

短髮
能讓上半身簡單清爽，也適合露出耳朵。

鮑伯頭
不厚重的鮑伯頭能讓整體視覺效果清爽俐落，髮尾可以向內彎。

長直髮
長直髮可將髮尾向內彎，增添女人味。

低包頭
建議把頭髮俐落優雅地盤起來，紮成低包頭。

Wave

波浪型

‖ 身體特徵 ‖

**單薄纖瘦、
曲線柔和的身材**

身材單薄、纖瘦，擁有
柔和的曲線。重心偏下
半身。肌膚質地軟軟的，
感覺脂肪比肌肉多。

正面

頸部
長度與身高相比偏長，
到肩膀的線條較平緩。

胸口
鎖骨細細的，很明顯。

腰的位置
胸部到腰距離長，腰的
位置偏低。

肌膚的質感
質地柔嫩、鬆軟。

膝蓋
膝蓋突出。大腿細，小
腿比較有肉。

★ ★ ★

本體型的女星

北川景子、黑木瞳、
新垣結衣、戶田惠梨香、
堀北真希、佐佐木希、
奧黛莉赫本

手

手腕隆起處
普通看得見的大小。

手腕
扁扁的，剖面接近橢圓形。

手掌、手指
手掌大小普通，偏薄。關節不明顯。

側面

胸腺
從鎖骨到胸部微微下陷。

胸部厚度
胸部不厚，乳尖位置偏低。

腰部
腰的位置偏低，薄薄的、沒有厚度。

臀線
臀部扁平，從背部延伸的線條平緩。

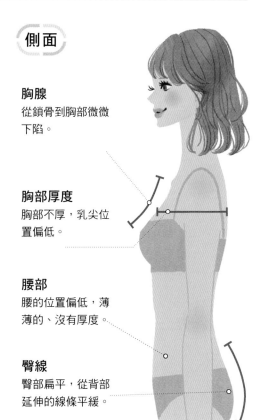

背部

脊椎
摸脖子下方脊椎起始處，能微微感覺到脊椎骨。

肩膀
摸下去感覺得到骨頭，骨架不大、很纖瘦。

肩胛骨
肩胛骨上摸不到肌肉，骨頭小小的。

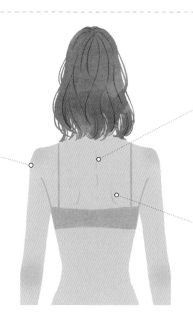

‖ 適合的款式 ‖

華麗、輕柔的衣服

身材纖瘦的波浪型人,適合帶有裝飾、能增添份量的款式。選擇適合柔嫩膚質的輕柔布料,強調身體的曲線與腰身吧。波浪型人通常上半身單薄,下半身偏重,所以要以上半身為重心來打扮。

上衣

適合穿華麗、帶有荷葉邊等裝飾、具份量的款式,這樣上半身才不會空蕩蕩的。也適合多層次穿搭。

◎…罩衫、針織外套、蓬蓬袖、一字領。

╳…襯衫、套頭、高領、運動休閒衫。

下著

下半身建議穿圓裙,看起來比較輕盈。膝下裙能讓腿看起來修長,視覺比例佳。褲子不適合寬鬆的款式,若要著褲裝,建議選讓下半身俐落的緊身褲。

◎…迷你裙、百褶裙、繭型裙、老爺褲、緊身褲。

╳…及膝短褲、寬褲、及踝長裙。

穿衣關鍵字

華麗、輕柔、合身

這些不適合……

V 領毛衣
纖細的鎖骨會太明顯,看起來像皮包骨。

工作褲
下半身會太重,看起來很邋遢。

進一步掌握 適合哪些款式!

＊款式列表 → P44 ～ 49
＊嚴選單品 → P.76 ～ 109
＊無限穿搭 → P.124 ～ 137

‖ 適合的材質、花紋 ‖

材質

挑選輕柔蓬鬆、有女人味的布料

波浪型人的肌膚很柔嫩，適合搭配輕薄柔軟的布料。例如毛海、安哥拉羊毛等軟布料，以及具有彈性的布料。波浪型人不太能駕馭皮革或丹寧等硬挺的材質，若要搭配建議用在配件上。

NG 麻、棉丹寧、皮革、英式粗花呢

毛海

質地柔軟的毛海毛衣或針織衫。

棉

泡泡紗或棉絨等輕柔的款式。

安哥拉羊毛

安哥拉羊毛衫等蓬鬆棉柔的款式。

雪紡紗

輕盈華麗，能增添女人味。

彩色粗花呢

繽紛具有裝飾性，能襯托出甜美的女人味。

漆皮

奢侈的光澤感很適合柔嫩的膚質。

其它…天鵝絨、麂皮、緞面、胎牛皮

花紋

小而淡雅的花色

波浪型人適合小花紋，以及顏色對比淺一些的花色。也適合豹紋、斑馬紋等動物毛色。以基本色將不浮誇的花紋統整起來，就能醞釀出不過於甜膩的成熟氛圍。

NG 迷彩、寬的橫條紋與直條紋、大的植物花紋、大圓點。

碎花

適合小碎花、顏色對比淺的。例如 Cath Kidston 等夢幻輕柔的款式。

圓點

適合點點小且顏色淺的。盡量避免大圓點。

格子

適合小格子、黑白格子、千鳥格紋、蘇格蘭格紋等等。

變形蟲花紋

適合紋路細膩華麗、顏色對比不鮮明的。

豹紋

適合花紋細碎、不大的款式。

斑馬紋

適合花紋細碎、不大的款式。

‖ 適合的配件 ‖

Bag 包包

- 體積較小
- 底部較窄
- 肩帶較短
- 香奈兒式的上掀包

 大包包、有壓紋的、
波士頓包、托特包

Hat 帽子

- 華麗、寬帽沿
- 緞帶裝飾
- 漁夫帽
- 荷葉邊帽
- 帶有裝飾的針織帽

 高針數針織帽、鴨舌帽

Shoes 鞋子

- 有蝴蝶結或踝帶等裝飾
- 有光澤的漆皮鞋
- 跟鞋
- 娃娃鞋
- 長靴
- 膝上靴

 樂福鞋、材質鬆垮的帆布鞋、羅
馬鞋、短靴、牛仔靴、雪靴

Accessories 飾品

適合細膩、輕盈、鑲上亮亮小顆寶石的設計。

A 項鍊
　細膩、鑲有半寶石的款式

B 針式耳環、夾式耳環
　小小的垂綴款

C 手鍊、手環
　纖細且加了小型綴飾或礦石的款式

D 造型纖細的款式或手環型手錶
　錶面：圓形、正方形、小錶面
　錶帶：細細的金屬製

其它
絲巾 小一點的
披肩 薄一點的
胸針 小一點、造型精緻的

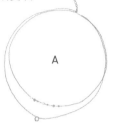

A

B

C

D

項鍊的長度

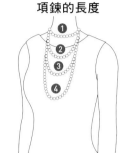

❶ 頸鍊（35〜40cm）
❷ 公主鍊（40〜43cm）
❸ 馬丁尼型（55cm）
❹ 歌劇型（80cm）

材質 紫水晶或青金石等半寶石
　　　金、白金
　　　珍珠（大小 8mm 以下）
　　　棉珍珠
　　　塑膠材質
　　　水晶

Hairstyle 髮型

適合輕盈蓬鬆、帶有曲線的捲髮。

\ 編髮！ /

輕盈蓬鬆的鮑伯頭

纖長的頸部很適合蓬鬆的捲髮。

空氣感中長髮

蓬鬆的捲髮能為胸前增添華麗感，搭配中分瀏海就不會過於甜膩。

俏麗長捲髮

也適合剪出瀏海，留甜美的波浪長捲髮。

捲馬尾

不要整個紮起來，盡量做出輕盈蓬鬆、華麗的髮型。

Natural

自然型

‖ 身體特徵 ‖

骨感的苗條身材

感覺不太到肌肉與脂肪，身材很苗條。骨頭大而粗，關節也很明顯。整體有種四角形般的框架感，肌膚質地因人而異。

正面

頸部
長度每個人都不太一樣。筋很明顯。

胸口
鎖骨粗而大，明顯程度因人而異。

腰的位置
腰部位置因人而異。

肌膚的質感
不太硬也不太軟，每個人不太一樣。容易摸到骨頭。

膝蓋
膝蓋大，大腿粗細因人而異，小腿脛骨與阿基里斯腱偏大。

★ ★ ★
本體型的女星

綾瀨遙、梨花、道端潔西卡、天海祐希、深津繪里、中谷美紀、安潔莉娜裘莉

（手）

手腕隆起處
骨頭大，是三個類型中最明顯的。

手腕
剖面是長方形，摸得到骨頭與筋。

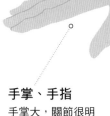

手掌、手指
手掌大，關節很明顯，感覺得到骨頭與筋。

（側面）

胸腺
每個人都不太一樣，但大多從鎖骨到胸尖呈直線。

胸部厚度
胸部有厚度，肌肉沒什麼彈性。

腰骨
腰偏高，骨頭有厚度，呈長方形。

臀線
臀部扁平，幾乎沒肉。骨盆有厚度。

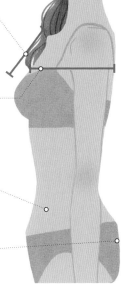

（背部）

肩膀
摸下去感覺得到大塊的骨頭，肌肉無彈性，肩胛骨很明顯。

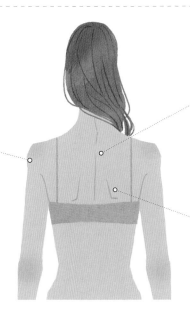

脊椎
摸脖子下方脊椎起始處，能清楚感覺到脊椎骨。

肩胛骨
肩胛骨大而立體。是三種體型中最明顯的。

‖ 適合的款式 ‖

慵懶、休閒、
不造作的服飾

骨感、苗條的自然型人，適合慵懶、休閒、輕鬆的服飾。寬鬆、不造作的穿搭，能醞釀出成熟的魅力。

上衣

適合頸部開口不大但版型寬鬆的款式。例如大一號的T-shirt、翻領毛衣，都是自然型人的首選。

◎…襯衫、長版罩衫、運動休閒衫、套頭毛衣。

×…蓬蓬袖、領口開太深的上衣

穿衣關鍵字

大一號、長版、寬鬆、休閒、自然

這些不適合……

深 V 領的衣服
胸前開口深的上衣，會讓鎖骨太明顯，看起來像皮包骨。

下著

適合大而寬鬆的版型，以及質感偏粗的款式。例如用大塊布料剪裁而成的及踝長裙、刷破的牛仔褲。

◎…長裙、七分寬褲、工作褲。

×…及膝短褲、短褲、蛋糕裙。

雪紡紗裙
太過輕柔的布料，會讓身材看起來很壯。

進一步掌握
適合哪些款式！

＊款式列表　→ P.44 ～ 49
＊嚴選單品　→ P.76 ～ 109
＊無限穿搭　→ P.138 ～ 151

‖ 適合的材質、花紋 ‖

材質

選擇材質天然、樸素的衣服

自然型人適合搭配慵懶、休閒的材質，例如麻、紗等天然纖維、燈芯絨、刷破的丹寧、刷舊的皮革等等。也很適合抓皺加工的布料及斜紋軟呢等較粗的材質。

NG

絲、緞面、天鵝絨、雪紡紗、含金線的粗花軟呢、漆皮、鋪棉。

棉

斜紋布、棉質紗布等具有休閒感的布料。

羊毛

毛氈布、低針數針織布、中針數針織布等等。

斜紋軟呢

印象沉穩的英式粗花呢。

燈芯絨

棉製休閒款。

丹寧

經刷破、抽鬚、褪色等加工的隨興感布料。

皮革

長時間使用，穿出韻味的老皮革。

其它……麻、麂皮

花紋

休閒、民族風花色

自然型的人適合具有休閒感的格紋、帶有民族風情的 Emilio Pucci 彩色花紋、變形蟲花紋、植物花紋等等。以色彩對比不過於搶眼的為佳。

NG

圓點、豹紋、乳牛紋、千鳥格紋

格子

嘉頓格紋、菱形格紋、蘇格蘭格紋等等。

直條紋

不論粗細皆可。

變形蟲紋

隨興、帶有民族風的款式。

植物花紋

像水彩畫一樣隨興的熱帶植物圖案。

迷彩

花紋大一點的。

橫條紋

不論粗細皆可。粗細混合的也 OK。

‖ 適合的配件 ‖

Bag 包包

- 體積較大
- 寬手提帶
- 底部寬,或沒有底部的款式
- 托特包
- 波士頓包
- 籐籃包

 手拿包等太小的包包、材質會反光的

Hat 帽子

- 休閒、輕鬆款式
- 中性、隨興風格
- 草帽
- 低針數針織帽
- 鴨舌帽

 帽沿窄、太小的款式

Shoes 鞋子

- 休閒鞋
- 牛仔靴
- 粗跟
- 跟鞋
- 樂福鞋
- 帆布鞋
- 雪靴

 娃娃鞋、高跟靴、腳踝毛毛靴

Accessories 飾品

適合以天然材質打造、大且長的設計。

A 項鍊
　裝飾偏大、偏長的

B 針式耳環、夾式耳環
　不發光的天然礦石、大大的圓環等等

C 手錶
　外型大一點的
　錶面：長方形、圓形、大一點的
　錶帶：粗皮革、帆布

材質 不透明的天然礦石、玳瑁
　　　金、銀、白金
　　　巴洛克珍珠（大小 8mm 以上）
　　　貝殼、珊瑚、木頭

項鍊的長度

❶ 馬汀尼型（55cm）
❷ 歌劇型（80cm）
❸ 結繩型（110cm）

其它
絲巾 不適合，若要配戴可以選麻料的
披肩 大一點、有流蘇或穗的款式
胸針 羽毛造型或木製休閒款

Hairstyle 髮型

適合自然、慵懶、不造作的髮型。

自然的卷鮑伯頭

慵懶自然的髮型，髮尖要做出隨性感。

中分中長髮

中分會帶有成熟的氣質。自然型人很適合隨興慵懶的卷髮。

隨興過腰長卷髮

過腰長髮最適合自然型人。燙出輕盈蓬鬆的卷度，就能營造甜美可愛的印象。

＼ 編髮！／

自然風髮髻

不要太整齊，露出部份髮尾，用慵懶的感覺統整起來。

【 不同骨架的穿搭 】
消除常見的 NG

以下介紹三種骨架容易犯的 NG 穿搭。
同樣是襯衫與牛仔褲，也有適合與不適合的喔！

\ 直筒型人 /
容易犯的錯

看起來肉肉的

穿輕飄飄的布料與貼身的
版型，看起來會肉肉的，
不但身材顯得臃腫，也會
給人很強勢的印象。

NG

輕柔的上衣
因為身體有厚度，穿上輕
薄棉柔的上衣就會顯胖。
環繞頸部的領子看起來也
憋憋的。

NG

貼身的褲子
穿緊身牛仔褲，看起來會
圓圓肉肉的。

用 OK 款式
改進！ P.**38**

\ 波浪型人 /
容易犯的錯

看起來邋遢寒酸

穿簡單的款式看起來會很
寒酸，穿寬鬆的版型則容
易邋遢。

NG

寬鬆的上衣
布料厚、版型寬的款
式，容易顯得寒酸，像
偷穿大人衣服。

NG

休閒的褲子
男友風牛仔褲給人臃腫
又邋遢的印象，下半身
顯胖。

用 OK 款式
改進！ P.40

NG

堅挺的上衣
自然型人不適合堅挺合
身的上衣，這會讓骨感
的身材更明顯，瘦得像
皮包骨。

\ 自然型人 /
常犯的錯誤

瘦成皮包骨

挺又合身的款式會讓骨感
的身材變得更明顯。素色
的長褲顯得單薄。

NG

素色的長褲
素色的直筒牛仔褲會造
成死板的印象。

用 OK 款式
改進！ P.42

Straight

透過簡單的設計、較挺的布料，打造清爽俐落的時尚感

{ POINT }

· 不要輕柔的布料，選硬挺的布料

· 合身或寬鬆都不合適，要選一般版型。

Tops

材質一定要挺

直筒型人雖然適合穿襯衫，卻不適合輕柔的材質。選布料厚一點、挺一點，造型比較俐落的款式吧。

Bottoms

基本版型

直筒型人不適合穿強調身體曲線的緊身版型。選擇舒服的標準版型。若是牛仔褲，可以選素色直筒的款式。

Bag

用配件點綴優雅

即便只是牛仔褲與襯衫，配上合適的包包，也能打造出自然優雅的時尚。

也可以這麼穿！

" 靠挺一點的裙子
增添**女性魅力**！"

褲裝要選基本版型，關
鍵字是簡約、基本。褲
子選厚一點的材質，版
型選直筒。毛衣選高針
數款。

直筒型人適合穿線條
筆直、造型簡單的裙
子。不要有裝飾，反
而更有女人味。

要營造女人味，就要
有股俐落感。襯衫連
身裙是最好的選擇。

" 像這種基本款
才是王道！"

" 襯衫連身裙
最能散發**女人味**！"

波浪型

Wave

透過輕柔的材質做出曲線，
用多層次穿搭展現華麗感

Tops

上半身營造份量感

選擇領口不要開太大，材質輕柔的款式。為容易單薄的上半身做出份量感。

· 用輕柔的材質提昇份量感

· 褲子選合身俐落的款式

Bottoms

讓下半身俐落修長

褲子要選尺寸合身的。波浪型人基本上不太能駕馭牛仔褲，若要穿一定要選緊身款。

Bag

靠腰帶強調曲線

用皮帶強調腰身，做出曲線。建議選精緻一點、細一點的款式。

也可以這麼穿！

" 靠針織外套
穿出層次感！ "

針織外套能為上半身增
添份量並營造華麗感，
非常適合波浪型人。九
分褲能讓下半身看起來
更苗條。

即使上衣、下著都選輕
柔材質，波浪型人也能
完美駕馭，穿起來一點
也不顯得厚重。

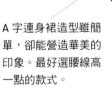

A字連身裙造型雖簡
單，卻能營造華美的
印象。最好選腰線高
一點的款式。

" 毛海配雪紡紗，
既成熟又少女！ "

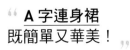

" A字連身裙
既簡單又華美！ "

自然型

Natural

用較粗的材質與寬鬆的版型，打造游刃有餘的成熟時尚感

Tops

寬鬆的尺寸最好

襯衫要選版型大的，營造游刃有餘的感覺。這樣苗條的身形自然會顯露出來。

{ POINT }

· 最好選版型寬鬆的款式，以免太過骨感

· 選質地較粗的布料，與肌膚最搭

Bag

大而隨興的款式

配件不能太小。大托特包隨興休閒的質感最適合自然型人。

Bottoms

布料要粗、造型要隨興

選粗一點的布料而不是工整的布料，會更有型。牛仔褲的剪裁最好選男友風！

也可以這麼穿！

營造時髦感的關鍵是__長裙__！

連身洋裝要選版型寬鬆的。戴上長長的項鍊視覺比例更好。

裙子要挑有垂墜感、從腰開始變寬的長裙。材質要選棉麻等較粗的布料。

若想穿得俐落一點，可以挑燈芯絨布料。搭配大一號的襯衫更顯優雅。

透過__寬鬆剪裁__，營造成熟女人味！

利用__休閒感材質__營造俐落感！

不同骨架的
款式列表

每種骨架適合的上衣與下著都不同，
接下來要介紹哪些款式 OK、哪些款式 NG。

◎…適合　○…若材質或版型 OK 就適合　△…不建議，但還是可以穿　╳…不適合

ITEM / TYPE	直筒型 Straight	波浪型 Wave	自然型 Natural
領口 圓領	○ 領口開大一點的	◎	◎
V領	◎	△ 開太大 NG	△ 開太大 NG
U領	◎	△ 開太大 NG	△ 開太大 NG
方領	◎	◎	△ 開太大 NG

TYPE / ITEM		Straight 直筒型	Wave 波浪型	Natural 自然型
領口	船型領	○ 領口開大一點的	◎	◎
	套頭領	△ 太厚的 NG	× 看起來容易 胸部下垂	◎
	翻領	× 頸部周圍不俐落 所以 NG	◎	◎
	一字領	× 露出肩膀 看起來會太壯	◎	△ 材質涼爽、 較粗的 ok
袖長	長袖	◎	△ 袖子 不要太長的 OK	◎
	七分袖	× 手臂看起來會變粗	◎	× 看起來會太瘦

◎…適合　○…若材質或版型 OK 就適合　△…不建議，但還是可以穿　╳…不適合

ITEM \ TYPE	直筒型 Straight	波浪型 Wave	自然型 Natural
短袖 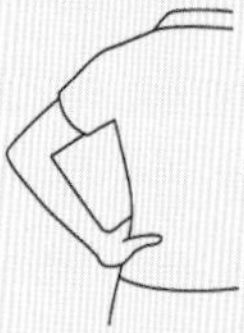	◎	△ 合身的 OK	◎
無袖 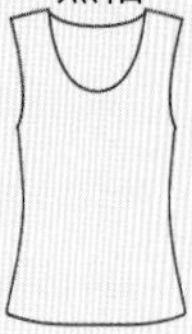	△ 寬鬆的 OK	◎	△ 肩帶粗的 OK
法式袖 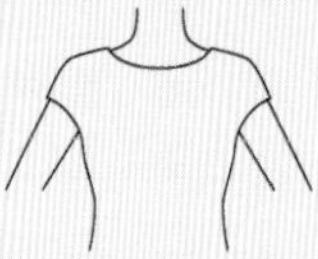	╳ 看起來會太壯	◎	╳ 肩膀會太寬
蓬蓬袖 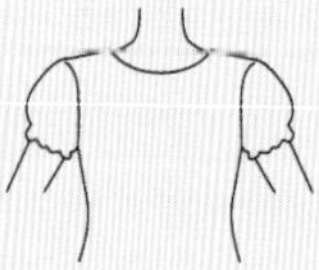	╳ 顯胖	◎	╳ 肩膀會太寬
飛鼠袖 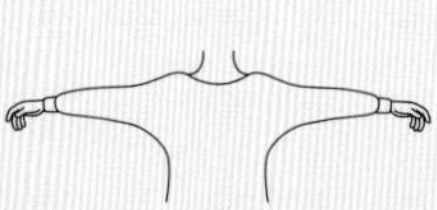	╳ 上半身看起來會變重	╳ 像偷穿大人衣服	◎
鐘型袖 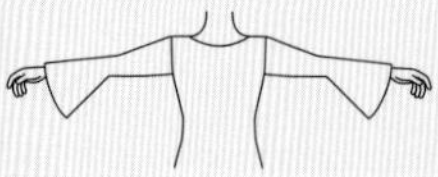	╳ 上半身看起來會變重	◎	◎

袖長

46

ITEM		TYPE	直筒型 Straight	波浪型 Wave	自然型 Natural
裙長	短裙		× 大腿看起來 會變粗	◎	× 看起來像 鳥仔腳
	膝上裙		◎	△ 腳會變短	△ 會太骨感
	膝下裙		△ 膝蓋露出來 比較美	◎	◎
	中長裙		× 半長不短會讓視覺 比例變差	○ 選短一點、 不讓重心往下掉的	◎
	及踝裙		◎	× 下半身看起來 會太重	◎
裙型	窄裙		◎	◎	◎

ITEM　　　　　TYPE		直筒型 Straight	波浪型 Wave	自然型 Natural
裙長	鉛筆裙	◎	△ 布料薄一點的 OK	◎
	A 字裙	✕ 腿看起來會變粗	◎	✕ 看起來像鳥仔腳
	圓裙	✕ 腿看起來會變粗	◎	○ 從腰開始變寬、 長一點的
	百褶裙	✕ 顯胖	◎	△ 粗一點的布料 OK
	蛋糕裙	✕ 顯胖	◎	✕ 顯胖
褲型	短褲	✕ 腿看起來會變粗	◎	✕ 看起來像鳥仔腳

ITEM \ TYPE		直筒型 Straight	波浪型 Wave	自然型 Natural
褲型	老爺褲	× 大腿會太明顯	◎	○ 選褲管 寬一點的
	工作褲	△ 垂墜的款式 OK	× 下半身看起來 會太胖	◎
	緊身褲	× 看起來會肉肉的	◎	× 看起來像 鳥仔腳
	直筒褲	◎	△ 布料薄一點的 OK	◎
	寬褲	◎	× 下半身看起來 會太重	◎
	七分寬褲	× 下半身看起來 會太重	○ 選看起來像 褲裙的	◎

搞不清楚怎麼做骨架分析時……

換個角度,再檢查一次!

只要嚴格地進行骨架分析,一定可以歸類到其中一種。但自我檢測有時也會搞不清楚,這時不妨換個角度試試看。

Point 1 ▶ 先縮小範圍,找出兩種類型

先藉由 P.14 的檢測項目,縮小範圍找出符合較多特徵的兩種類型。找出兩種類型後,若是直筒型可參考 P.18 ～ 19、波浪型可參考 P.24 ～ 25、自然型可參考 P.30 ～ 31,仔細觀察各個特徵判斷自己屬於哪一型。

Point 2 ▶ 重心在上半身?下半身?

不只細節,觀察全身的比例也能幫助我們判斷。站在全身鏡前,從正面和側面觀察看看。若重心在上半身就偏向直筒,若重心在下半身就偏向波浪,自然型則因人而異,但骨頭都很明顯。

Point 3 ▶ 試穿看看

實際穿穿看,觀察哪一種款式能讓自己最美。例如上衣,妳可以將高針數套頭毛衣、蓬蓬袖針織毛衣、低針數翻領毛衣等帶有三種骨架特徵的款式都穿起來比較看看。

Point 4 ▶ 試著診斷他人

當妳不清楚自己擁有哪些特徵時,可以實際摸摸看朋友或家人的身體,比較和自己的差異性,這樣自己屬於哪種類型就很明顯了。多比較幾個人,抓到訣竅後,再做一次自我檢測吧。

Part

2

透過基因色彩診斷，
找出適合的顏色！

——

「顏色」是挑選衣服的重要元素之一。

透過將色彩分為四大類的基因色彩診斷，

就能找出妳適合哪些顏色。

不只衣服，在美妝上也能派上用場！

什麼是基因色彩診斷？

從肌膚和眼睛的顏色，
找出適合的色彩！

基因色彩診斷就是透過與生俱來的膚
色與眼睛的顏色，找出適合妳的色
彩。診斷結果分為「春季型」、「夏
季型」、「秋季型」、「冬季型」。
基因色彩能調和肌膚、眼睛、頭髮的
色澤，將妳的優點突顯出來。

相同的膚色配上不同色彩，
印象就會改變！

穿上適合的顏色……

明亮、有精神

頭髮有光澤

眼睛閃亮
動人

氣色佳

穿上不適合的顏色……

感覺沒精神

看起來不健康

膚色暗沉

黑眼圈、
黑斑明顯

【 四種色彩印象 】

Spring
春季型

- · 如春天盛開的花草
- · 明亮溫暖
- · 溫柔甜美

▶ P.56

Summer
夏季型

- · 如初夏、梅雨季的天空
- · 像淡淡的粉彩筆
- · 輕飄飄軟綿綿

▶ P.60

Autumn
秋季型

- · 如濃濃的秋天楓葉
- · 溫暖濃郁
- · 成熟穩重

▶ P.64

Winter
冬季型

- · 如冷冽的冬日空氣
- · 對比鮮明
- · 銳利搶眼

▶ P.68

偏黃的黃色膚底

偏藍的藍色膚底

翻到下一頁立即診斷！

基因色彩診斷

快來診斷專屬於妳的基因色彩類型吧！
透過附錄的色彩診斷卡，就能輕鬆判別。

診斷條件

在白光下進行

診斷必須在白光的房間裡進行。日光燈的光偏橘，會影響判別結果。

不要化妝

最好在素顏下進行，這樣才能觀察肌膚原本的色澤，瞭解哪些顏色會讓黑斑、暗沉更明顯。

穿白色衣服

盡量穿白 T-shirt 等白色衣物來診斷，以免衣服影響判別結果。

診斷方法

將色卡擺在臉旁，看看映襯出來的效果

將本書開頭附贈的色彩診斷卡剪下，站在鏡子前，把色卡擺到臉龐，按照右頁的項目依序診斷。符合最多的那張卡，就是妳的基因色彩。

色卡

 Spring
 Summer
 Autumn
Winter

用 4 種色卡 check ！

check 1

哪張卡
最不容易顯黑斑？

check 2

哪張卡
讓肌膚表面看起來
最細緻、最水潤？

check 3

哪張卡
讓黑斑、皺紋、黑眼圈、
法令紋最不明顯？

check 4

哪張卡
讓整張臉看起來
最不鬆弛、最緊緻？

check 5

哪張卡
擺在眼睛下，眼睛
看起來最閃閃發亮？

check 6

哪張卡
抵在頭髮上，
髮絲看起來最有光澤？

\ 難以判別時 /

先找出基本色

將色卡分成春季型
與秋季型一組、夏
季型與冬季型一
組，先判斷自己屬
於黃色膚底還是藍
色膚底。

黃色膚底

藍色膚底

以手判斷

將 2 張色卡並排，
手擺在上面，選擇
手看起來不黯沉的
那張。若有塗指甲
油，建議握拳把指
甲遮住，以免指彩
影響色卡的判斷。

春季型

Spring *type*

【 春季型的特徵 】

適合春天明亮的色彩

春季型人擁有偏黃但不暗沉的明亮膚色，適合如春天盛開的花朵與維他命般的明亮色系。

★ ★ ★
此類型的女星
上戶彩、桐谷美玲、蛯原友理、
菅野美穗、宮澤理惠

頭髮
髮色原本就偏淺，
染髮後容易掉色。
染淺看起來也不會
奇怪。

眼睛
顏色淺，棕色系。
瞳孔與虹膜界線分
明。

臉頰
溫暖的橘色
系。不少人有
雀斑。

嘴唇
帶橘色的粉紅
色。

肌膚
如陶瓷般白皙
的乳白色。曬
黑後會變成淺
咖啡色。

春季型
Spring
type

① 蜜桃粉　② 哈密瓜粉　③ 珊瑚粉　④ 極光粉　⑤ 康乃馨粉　⑥ 紅鶴粉

⑦ 亮珊瑚粉　⑧ 緋紅　⑨ 罌粟紅　⑩ 蜜黃　⑪ 香蕉牛奶　⑫ 晶瑩橘

⑬ 向日葵　⑭ 金黃　⑮ 嫩綠　⑯ 春綠　⑰ 鸚鵡綠　⑱ 果綠

⑲ 海水藍　⑳ 漾彩藍　㉑ 土耳其藍　㉒ 暖灰　㉓ 番紅花　㉔ 三色堇

㉕ 暮光藍　㉖ 淺米褐　㉗ 焦糖棕　㉘ 杏仁棕　㉙ 咖啡棕　㉚ 乳白

做色彩診斷時的視覺變化！

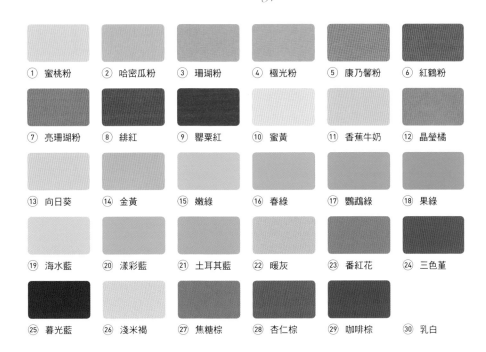

配夏季色…	配秋季色…	配冬季色…
雀斑與黑斑變明顯，臉色不好看。	整體臉色暗沉，看起來沒有精神，像在發呆。	顏色與臉完全搭不起來，太過豔麗花俏。

57

【 適合的彩妝 】

以下介紹適合春季型人的彩妝。
粉底等底妝顏色要配合脖子的膚色來挑選。

眼影（基本色）	眼影（亮彩）

焦糖棕　　　杏仁棕　　　咖啡棕

珊瑚粉　　　嫩綠　　　土耳其藍

基本的眼影要選明亮的大地色系。

春天花朵般的粉紅與柔嫩的綠色，能讓眼睛光彩動人。

唇彩	頰彩

罌粟紅　　　亮珊瑚粉　　康乃馨粉

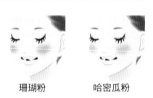

珊瑚粉　　　哈密瓜粉

鮮艷的紅能襯托成熟的穿搭，偏黃的粉紅能增添華麗感。

橘色或偏黃的粉紅，能營造出柔軟甜美的印象。

指彩	髮色

暖灰　　　康乃馨粉　　海水藍

咖啡棕　　　杏仁棕

裸色系的暖灰塗起來不會過於甜膩，非常推薦。藍色與粉紅色和偏黃的溫柔色系也很搭。

春季型人適合明亮的顏色，因此不妨將黑髮染成溫柔的棕色系。灰色系會讓膚色暗沉，要盡量避免。

衣櫥放一件，
穿搭好方便！

【 穿搭的色彩 】

接著要介紹春季型人實穿的衣服顏色。
這些色彩都很百搭，不妨當作穿搭時的參考。

Tops

（基本色）　　　　　（亮彩）

乳白　　暖灰　　暮光藍　　蜜桃粉　　罌粟紅

白色、灰色、深藍色
百搭不膩！將蜜桃粉
與罌粟紅當作亮彩，
能醞釀出華麗的氛
圍。

Bottoms

（基本色）　　　　　（亮彩）

暮光藍　　乳白　　咖啡棕　　金黃　　海水藍

下著適合偏暗的顏色
和白色，整體視覺效
果會比較協調。將亮
彩用在裙子上，時尚
感就會大幅提昇。

Outer

淺米褐　　　　金黃色

Bag

焦糖棕　　土耳其藍

Shoes

暖灰　　罌粟紅

淺米褐大衣實穿百搭，金黃色大衣則能營
造華麗的印象。

包包與鞋子可以選鮮艷的亮彩，搭配基礎
色的衣服。

Summer *type*

【 夏季型的特徵 】

適合清爽、柔和的色彩

夏季型人膚色偏白，適合如夏天般涼爽、柔和的色彩。

★ ★ ★
此類型的女星
綾瀨遙、廣末涼子、
壇蜜、松嶋菜菜子、鈴木京香

髮色
柔和、不過於強烈的黑色。是日本人最普遍的髮色。

眼睛
溫柔的黑色，與眼白的對比很溫和。

臉頰
不黃，帶點紅色。多數人容易臉紅。

嘴唇
偏冷調、微暗的玫瑰粉紅色。

肌膚
帶有薄薄的透明感，膚色白皙。沒有黑肉底的人，給人的印象有些蒼白。

夏季型
Summer
type

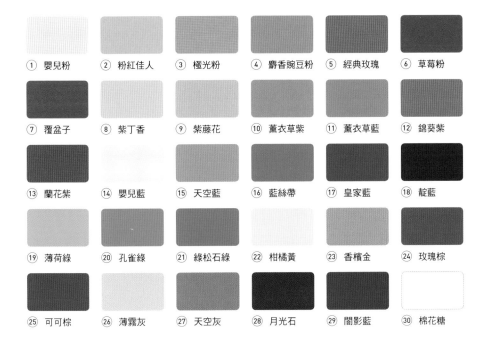

① 嬰兒粉　② 粉紅佳人　③ 極光粉　④ 麝香豌豆粉　⑤ 經典玫瑰　⑥ 草莓粉

⑦ 覆盆子　⑧ 紫丁香　⑨ 紫藤花　⑩ 薰衣草紫　⑪ 薰衣草藍　⑫ 錦葵紫

⑬ 蘭花紫　⑭ 嬰兒藍　⑮ 天空藍　⑯ 藍絲帶　⑰ 皇家藍　⑱ 靛藍

⑲ 薄荷綠　⑳ 孔雀綠　㉑ 綠松石綠　㉒ 柑橘黃　㉓ 香檳金　㉔ 玫瑰棕

㉕ 可可棕　㉖ 薄霧灰　㉗ 天空灰　㉘ 月光石　㉙ 闇影藍　㉚ 棉花糖

做色彩診斷時的視覺變化！

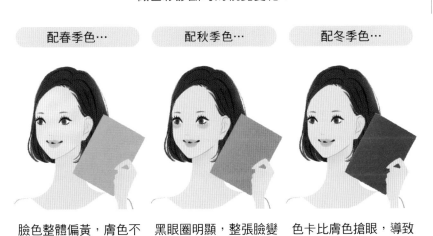

配春季色…　　　配秋季色…　　　配冬季色…

臉色整體偏黃，膚色不　黑眼圈明顯，整張臉變　色卡比膚色搶眼，導致
均明顯。　　　　　　　暗沉。　　　　　　　　色卡格外明顯。

【 適合的彩妝 】

以下介紹適合夏季型人的彩妝。
粉底等底妝顏色要配合脖子的膚色來挑選。

眼影（基本色）

香檳金　　玫瑰棕　　可可棕

基本色眼影要選適合肌膚的大地色系。香
檳色與玫瑰棕能讓眼神光彩明亮。

眼影（亮彩）

粉紅佳人　　嬰兒藍　　薰衣草紫

建議選涼爽的藍色與紫色系，可以醞釀出
溫柔的女人味。

唇彩

極光粉　　覆盆子　　草莓粉

覆盆子色能營造成熟的印象，藍色系的極
光粉與草莓色能增添俏皮可愛的感覺。

頰彩

麝香豌豆粉　　經典玫瑰

用藍色系的粉紅對綴出優雅好氣色吧。麝
香豌豆色能營造出夢幻溫柔的印象。

指彩

嬰兒粉　　薄荷綠　　天空灰

夏季型人適合煙燻色系。想要酷一點時，
可以選天空灰。

髮色

可可棕　　玫瑰棕

適合柔和的黑色與接近黑的棕色。帶點紅
的棕色與膚色也很搭。

夏季型

Summer
type

【 穿搭的色彩 】

衣櫥放一件，
穿搭好方便！

接著要介紹夏季型人實穿的衣服顏色。
這些色彩都很百搭，不妨當作穿搭時的參考。

Tops

（基本色）　　　　　　　（亮彩）

棉花糖　　薄霧灰　　天空灰　　嬰兒藍　　覆盆子

棉花糖色與天空灰和
任何顏色的下著都搭
得起來，非常推薦。
亮彩除了左邊兩種顏
色以外，也可以選薰
衣草紫。

Bottoms

（基本色）　　　　　　　（亮彩）

闇影藍　　棉花糖　　玫瑰棕　　柑橘黃　　錦葵紫

基本色深藍、白、棕
色百搭不膩。亮彩的
橘黃與錦葵紫則可當
成穿搭的主角。

Outer

月光石　　薄霧灰

藍色系適合所有的內搭。月光石色能
營造出奢華的氛圍。

Bag

靛藍　　天空藍

亮彩的天空藍，很適
合當作基本色穿搭的
點綴。

Shoes

天空灰　　草莓粉

草莓粉的鞋子搭配簡
約的穿搭，能營造出
女人味。

Autumn *type*

【 秋季型的特徵 】

適合深邃、濃郁的色彩

秋季型人膚色偏黃、呈駝色，適合如
秋天般濃郁、深邃的色彩。

★ ★ ★

此類型的女星

北川景子、長谷川潤、加藤綾
子、安室奈美惠、天海祐希

眼睛
深棕色，眼神深
邃，眼白與虹膜的
對比稍弱。

嘴唇
橘色系。有些人
會比較暗沉。

肌膚
像象牙一樣，
有點冷、色澤
偏黃。膚色比
春季型深。

髮色
深咖啡色靠近黑
色，濃郁的棕色
系。

臉頰
容易臉紅，適
合橘色系的腮
紅。

秋季型
Autumn type

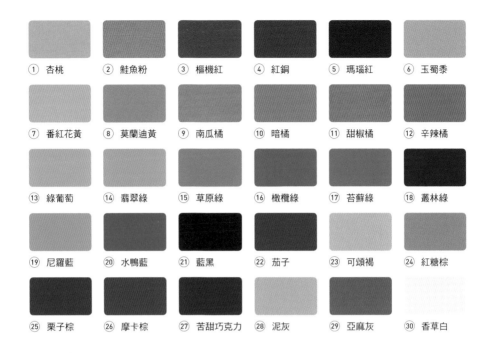

① 杏桃	② 鮭魚粉	③ 樞機紅	④ 紅銅	⑤ 瑪瑙紅	⑥ 玉蜀黍
⑦ 番紅花黃	⑧ 莫蘭迪黃	⑨ 南瓜橘	⑩ 暗橘	⑪ 甜椒橘	⑫ 辛辣橘
⑬ 綠葡萄	⑭ 翡翠綠	⑮ 草原綠	⑯ 橄欖綠	⑰ 苔蘚綠	⑱ 叢林綠
⑲ 尼羅藍	⑳ 水鴨藍	㉑ 藍黑	㉒ 茄子	㉓ 可頌褐	㉔ 紅糖棕
㉕ 栗子棕	㉖ 摩卡棕	㉗ 苦甜巧克力	㉘ 泥灰	㉙ 亞麻灰	㉚ 香草白

做色彩診斷時的視覺變化！

配春季色…　　配夏季色…　　配冬季色…

氣色變差，五官看起來很扁平。　臉色變差，看起來陰氣沉沉的，像睡眠不足。　顏色與臉完全搭不起來，感覺很突兀、不協調。

【 適合的彩妝 】

以下介紹適合秋季型人的彩妝。
粉底等底妝顏色要配合脖子的膚色來挑選。

眼影（基本色）

| 苦甜巧克力 | 摩卡棕 | 藍黑 |

基本色眼影要挑偏黃的棕色與綠色系，帶點藍的黑色也很合適。

眼影（亮彩）

| 翡翠綠 | 番紅花黃 | 鮭魚粉 |

適合濃郁的黃色與粉紅色。淡妝時化鮭魚粉最佳。

唇彩

甜椒橘　　　紅銅　　　瑪瑙紅

適合橘色系的深紅色。甜椒色能打造亮麗的印象。

頰彩

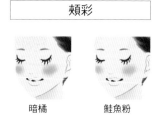

暗橘　　　鮭魚粉

橘色系及黃色系的粉紅是最佳選擇。暗橘看起來氣色好，鮭魚粉較柔美。

指彩

鮭魚粉　　香草白　　橄欖綠

柔和的香草白能讓指尖輕盈柔美，橄欖綠有酷酷的味道，鮭魚粉能增添甜美俏皮感。

髮色

苦甜巧克力　　摩卡棕

適合溫暖濃郁的色澤。想染亮一點時可以選橘色系。

衣櫥放一件，
穿搭好方便！

【 穿搭的色彩 】

接著要介紹秋季型人實穿的衣服顏色。
這些色彩都很百搭，不妨當作穿搭時的參考。

Tops

（基本色）　　　　　　（亮彩）

香草白　　泥灰　　苦甜巧克力　　鮭魚粉　　莫蘭迪黃

香草白與泥灰等柔和
色系的上衣，建議搭
亮彩的下著。粉紅與
莫蘭迪黃會讓臉看起
來比較亮。

Bottoms

（基本色）　　　　　　（亮彩）

苦甜巧克力　紅糖棕　亞麻灰　　瑪瑙紅　尼羅藍

濃郁的亮彩下著，能
讓整體充滿華麗感。
建議配淺色的上衣，
看起來就不會太重。

Outer

可頌褐　　　　番紅花黃

Bag

紅糖棕　　　紅銅

暖色系配件選亮彩，
能讓整體印象較明
亮。紅銅色能增添女
人味。

Shoes

藍黑　　　香草白

藍黑能收束整體的造
型。想讓腳尖輕盈
時，則推薦香草白。

可頌色最適合配風衣，能讓太重的秋
季色彩輕盈些。

Winter type

【 冬季型的特徵 】

適合對比強烈、鮮艷的色彩。

冬季型人擁有偏藍的膚色,適合鮮艷、飽和的冷色系。

★ ★ ★
此類型的女星

黑木梅紗、剛力彩芽、
夏目三久、小雪、柴崎幸

眼睛
純黑色,看不見瞳孔與虹膜的界線。眼神深邃,眼白與虹膜對比分明。

嘴唇
色澤紅潤,與肌膚壁壘分明。

肌膚
膚色白皙的人帶有透明感。曬黑後會變成暗暗灰灰的棕色。

髮色
大部分的人都是純黑色,棕色偏少。適合留黑髮。

臉頰
偏藍的粉紅色。腮紅選藍色系的粉紅會比黃色系的粉紅更合適。

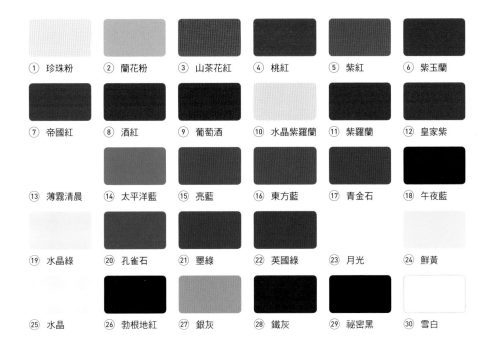

① 珍珠粉　② 蘭花粉　③ 山茶花紅　④ 桃紅　⑤ 紫紅　⑥ 紫玉蘭

⑦ 帝國紅　⑧ 酒紅　⑨ 葡萄酒　⑩ 水晶紫羅蘭　⑪ 紫羅蘭　⑫ 皇家紫

⑬ 薄霧清晨　⑭ 太平洋藍　⑮ 亮藍　⑯ 東方藍　⑰ 青金石　⑱ 午夜藍

⑲ 水晶綠　⑳ 孔雀石　㉑ 墨綠　㉒ 英國綠　㉓ 月光　㉔ 鮮黃

㉕ 水晶　㉖ 勃根地紅　㉗ 銀灰　㉘ 鐵灰　㉙ 祕密黑　㉚ 雪白

做色彩診斷時的視覺變化！

配春季色…　　配夏季色…　　配秋季色…

臉色泛黃、暗沉，感覺沒氣質。　氣色不會變差，但看起來呆呆土土的。　臉色暗沉、發黑，膚色白皙的人氣色會變差。

69

【 適合的彩妝 】

以下介紹適合秋季型人的彩妝。
粉底等底妝顏色要配合脖子的膚色來挑選。

眼影（基本色）

銀灰　　鐵灰　　勃根地紅

冬季型人適合化對比鮮明的彩妝，建議使用深色眼影。

眼影（亮彩）

蘭花粉　　紫玉蘭　　太平洋藍

想要溫柔一點可以使用蘭花粉，想要性感一點建議用紫玉蘭色。

唇彩

桃紅　　山茶花紅　　蘭花粉

藍色系的桃紅能襯托膚色，偏藍的粉紅能營造甜美氛圍。

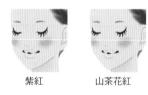

頰彩

紫紅　　山茶花紅

和唇彩一樣，選擇藍色系的粉紅吧。亮一點的粉紅能讓氣色變好。

指彩

水晶　　銀灰　　帝國紅

冬季型人非常適合塗深沉的紅。若要統一成基本色，建議用裸色系、灰色系。

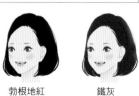

髮色

勃根地紅　　鐵灰

深沉的顏色能襯托出冬季型人的魅力。
若想亮一點，可以選深棕又帶點藍的灰色系。

冬季型
Winter type

【 穿搭的色彩 】

衣櫥放一件，
穿搭好方便！

接著要介紹冬季型人實穿的衣服顏色。
這些色彩都很百搭，不妨當作穿搭時的參考。

Tops

（基本色）　　　　　（亮彩）

雪白　　銀灰　勃根地紅　　水晶紫羅蘭　桃紅

挑對比鮮明的顏色
吧。選雪一樣的純
白、偏黑的棕色系，
就能將整體的視覺效
果統整起來。

Bottoms

（基本色）　　　　　（亮彩）

銀灰　　鐵灰　　祕密黑　　珍珠粉　英國綠

選擇綠色的下著，就
能打造溫柔的視覺印
象。珍珠粉非常適合
用來改變形象。

Outer

鐵灰　　　　　　紫紅

灰色看起來不會太重，非常實穿。紫
紅可以當作點綴基本色的亮彩。

Bag

銀灰　　　亮藍

亮一點的灰色能讓整
體的視覺效果輕盈
些。藍色可以當作亮
彩來點綴，增添華麗
感。

Shoes

午夜藍　　桃紅

冬季型容易給人酷酷
的感覺，不妨用俏皮
的桃紅色包頭鞋平衡
一下。

靠基因色彩，
駕馭裸色、粉色與棕色！

難以區別的曖昧色系，
也能靠基因色彩完美駕馭～

在穿搭裡融入裸色、粉紅色、棕色，能一口氣提
昇女人味。儘管這三種顏色範圍極廣，區分起來
相當困難，但只要掌握基因色彩，就能找出適合
自己的顏色。

Beige 裸色

裸色適用於所有單品，卻也容易流
於單調。但只要選對基因色彩中的
裸色，就能提昇時尚感。

Spring	Summer
淺米褐	香檳金
Autumn	**Winter**
可頌褐	水晶

Pink 粉紅

粉紅不但充滿女人味，還帶有楚楚
可憐的氣質。穿上適合的顏色，便
能醞釀出不過於甜膩的成熟可愛
感。

Spring		Summer	
蜜桃粉	康乃馨粉	嬰兒粉	麝香碗豆
Autumn		**Winter**	
杏桃	鮭魚粉	蘭花粉	山茶花紅

Brown 棕色

棕色能收束整體的視覺效果，又比
黑色溫柔。儘管容易顯得沉重，但
只要選對基因色彩，就能穿得帥氣
俐落。

Spring		Summer	
杏仁棕	咖啡棕	玫瑰棕	可可棕
Autumn		**Winter**	
苦甜巧克力	栗子棕	勃根地紅	淺勃根地紅

Part

3

\ 按照骨架與基因色彩分類 /

掌握適合自己的
款式及穿搭！

—

這個章節將介紹各個骨架與基因色彩的百搭單品，

以及眾多穿搭範例，

有了這章，就不必煩惱每天該穿什麼了！

衣服並不是愈多愈好！
真正實用的挑衣方法

有了「適合」、「實穿」的款式，
衣服再少也沒問題！

許多人明明衣櫃塞得滿滿，卻想不到
每天該穿什麼……真正時尚的人，即
便衣服很少，也能聰明搭配，穿出新
鮮感。關鍵在於是否擁有「適合自
己」且「實穿百搭」的衣服。善用骨
架分析與基因色彩，找到合適且實用
的服飾，就能讓衣櫃裡的每一件衣服
都派上用場，穿出時尚。

有適合的
衣服就 OK

百搭！

Basic Item

\ 一定要有的經典款 /

【12件基本款】

這個小單元按照骨架的類別，介紹了百搭實穿的基本款，其中還包含了推薦的基因色彩，兩者皆融入就完美了！

> P.76

不同基因色彩的
推薦色

(30) (30) (30) (30)
春 夏 秋 冬

\ 讓穿搭更有變化的單品 /

【6件變化款】

有了這6件，再搭配12件基本款，就能變化出許多不同的風格。擁有它們，妳就能搖身一變成為穿搭高手！

時尚度提昇！

+ 6 Item

Best Coordinate!

完成24套 合適的穿搭！

Straight
直筒型
> P.110

Wave
波浪型
> P.124

Natural
自然型
> P.138

[T-SHIRTS]

T 恤

T 恤是最百搭的單品，夏天必備一件，冬天還可當作內搭。擁有一件適合自己骨架的 T 恤，穿搭風格就能有更多變化。

從「領口」、「袖子」的
剪裁與材質來判斷

T 恤的重點在於領口敞開的幅度與袖子的設計。材質要選棉、嫘縈、麻等布料。是薄是厚也要看清楚，選出適合自己的款式。

較深的領口
選領口開大一點的款式。剪裁要剛好，不能太鬆垮也不能太貼身。

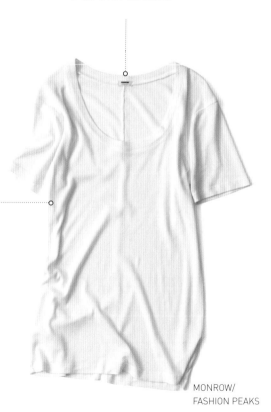

Straight
直筒型

厚實的布料
直筒型要避免帶有透明感、輕柔的材質，選厚實一點的布料吧。

穿搭訣竅

選俐落風也用得上的
單品→ P.112

30　30　30　30
春　夏　秋　冬

MONROW/
FASHION PEAKS

Wave

波浪型

穿搭訣竅

搭配針織外套,增添
變化→ P.127

⟨30⟩ ⟨30⟩ ⟨30⟩ ⟨30⟩
　春　夏　秋　冬

袖子短一點

袖子偏短、能讓纖細
手臂露出來的款式最
佳。推薦法式袖或蓬
蓬袖。

輕薄、具有彈性

剪裁合身是重點。挑
選輕薄柔軟的嫘縈或
有彈性的布料吧。

MONROW/FASHION PEAKS

Natural

自然型

穿搭訣竅

也可以當西裝外套的
內搭,營造恰到好處
的休閒感→ P.145

⟨30⟩ ⟨30⟩ ⟨30⟩ ⟨30⟩
　春　夏　秋　冬

剪裁寬鬆

建議選男女皆可穿、
剪裁寬鬆一點的。袖
口也可以捲起來。

中性款

自然型人適合粗獷一
點、曲線直一點的中
性款。

BYMITY

77

BASIC ITEM 2

[CUT&SEWN]

棉質上衣

棉質上衣也是百搭單品，即使只有一件也能穿出不同韻味。棉質上衣的花紋與質料變化很多，盡量找出合適的款式吧。

注意厚度與材質

棉質上衣種類繁多，根據材質，適合或不適合差距也很大。盡量確認布料的質感，例如厚、薄、柔軟或硬挺，找出適合自己的款式吧。

直線的剪裁

手臂與身體要挑直線的剪裁，這麼一來肉肉的上半身也能清爽俐落。

Straight

直筒型

較厚的布料

直筒型人要挑選偏厚、硬挺的布料，才撐得起前凸後翹的身材。

花紋的挑法

橫條紋要選間隔別太細、顏色對比鮮明的款式→ P.113

9 7 3 7
春 夏 秋 冬

SAINT JAMES／SAINT JAMES 代官山

Wave

波浪型

穿搭訣竅

上衣建議紮進裙子裡
→ P.127

春　夏　秋　冬

較薄的布料

選有彈性的材質，或
者像嫘縈一樣輕柔的
布料。

合身的版型

波浪型人適合穿能突
顯身體曲線的衣服。
選尺寸小一點，不要
太寬鬆的款式吧。

MONROW／FASHION PEAKS

Natural

自然型

寬鬆的設計

自然型人適合肩膀鬆
鬆垮垮、慵懶的款
式。領子開口要選淺
一點的。

**紋理較明顯的
布料**

適合混了麻料、帶有
皺折的衣服。盡量選
不要太工整的款式。

穿搭訣竅

將彩度低一點的服飾
搭配起來，營造休閒
感→ P.141

春　夏　秋　冬

GU

[SHIRTS]
襯衫

清爽的白襯衫是大人的單品，感覺比較正式，能給人好印象。快選一件合適的放進衣櫥裡吧。

先注意材質

同樣是白襯衫，不同布料呈現出的氣質可是截然不同的。直筒型建議挑硬挺的布料，波浪型挑輕柔的布料，自然型則選粗糙的材質。

肩線要剛好

襯衫要穿得挺，就得挑尺寸不大不小、剛剛好的版型。確認肩線是否在肩膀上，選乾淨俐落的款式。

Straight

直筒型

硬挺的布料

選擇有質感、厚一點的布料。直筒型人最適合硬挺的材質。要盡量避免會顯露身體曲線的輕柔款。

穿搭訣竅

與休閒款的棉裙搭配也沒問題→ P.114

30 30 30 30
春 夏 秋 冬

YANUK ／ CAITAC
INTERNATIONAL

Wave

波浪型

輕盈柔軟的材質

建議選輕柔帶有透明感的布料，以及能適度勾勒出身體曲線的剪裁。

較薄的布料

波浪型人雖然不適合穿襯衫，但若是罩衫型的就可以。選無領襯衫，就不必顧慮偏長的頸部，可以穿得俐落清爽。記得挑版型合身的。

FABIA ／ Otto Japan

穿搭訣竅

搭配裙子，穿出優雅的少女風情→ **P.128**

30	30	30	30
春	夏	秋	冬

Natural

自然型

隨興慵懶的領口

選大一號、領口寬鬆一點的襯衫。

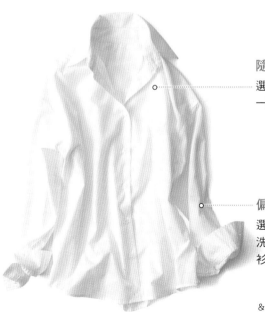

偏粗的麻或綿

選觸感比較粗、像水洗過的款式。麻料襯衫也不錯。

& .NOSTALGIA

穿搭訣竅

搭配粗獷率性的配件，穿出休閒感
→ **P.142**

30	30	30	30
春	夏	秋	冬

[BLOUSE]

罩衫

許多罩衫的設計都很乾淨俐落，穿一件就很有型。罩衫常成為穿搭的主角，擁有適合的才安心。

從剪裁中看出不同

直筒型人要挑直線的剪裁、波浪型人挑華麗的設計、自然型人挑寬鬆的版型。布料也要選適合的，好將各自的特質襯托出來。

深 V 領
脖子偏短的直筒型人適合胸口大大敞開的深 V 領設計。

直線的剪裁
要選線條筆直的，不要垂綴或抓皺，這樣體態才能俐落清爽。

Straight

直筒型

硬挺的布料
選硬挺的布料最佳。推薦含綿的款式，會厚實一點。

穿搭訣竅
搭配窄裙，露出漂亮的身體線條→ P.115

  3   14 2 10
春　夏　秋　冬

MOROKO BAR ／
MOROKO BAR 六本木之丘店

Wave

波浪型

穿搭訣竅

配窄裙,穿出不過於甜膩的簡約風情
→ P.132

25 18 21 18
春 夏 秋 冬

船型領

船型領的剪裁能讓波浪型人漂亮的鎖骨自然顯露出來。

蕾絲材質

選擇蕾絲、雪紡紗等華麗又輕柔的布料吧。

FABIA / Otto Japan

Natural

自然型

襯衫風

有領子、中性的襯衫風設計,會比充滿女人味的罩衫更適合自然型人。粗一點的材質更好。

不對稱設計

自然型人能輕鬆駕馭前後不對稱的剪裁。

穿搭訣竅

配合明亮的下著,穿出華麗感→ P.144

12 22 8 9
春 夏 秋 冬

FABIA / Otto Japan

83

[KNIT]

針織衫

穿針織衫容易顯胖，但只要挑對材質與版型就不必擔心。找出讓身體線條完美呈現的那一件吧。

從領口造型開始檢查

注意每種領子的剪裁，是 V 領、圓領還是套頭領，材質也要選符合體型特徵的，以便找出最合適的針織衫。

深 V 領
直筒型人大多脖子偏短，穿深 V 領能讓頸部乾淨清爽，看起來比較修長。

織紋細密的高針數款
布料要選工整俐落、織紋細密的高針數款。

Straight
直筒型

有質感的布料
布料是高級的喀什米爾羊毛，即便造型簡單，也很有質感。

穿搭訣竅

以 V 領當主角，穿出適合直筒型人的俐落打扮→ P.118

 22 春　 **26** 夏　 **28** 秋　 **27** 冬　　GU

Wave

波浪型

穿搭訣竅

輕柔的質料搭配褲子，就能穿出酷帥感
→ P.130

22 春　26 夏　28 秋　27 冬

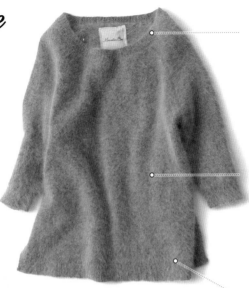

MOROKO BAR ╱ MOROKO BAR
六本木之丘店

淺而寬的領子

波浪型人適合圓領。袖長建議選能讓纖細手臂自然顯露的七分袖。

輕柔的布料

安哥拉毛或毛海等蓬鬆綿柔的質料，能為容易單薄的上半身增添份量感。

衣襬不宜過長

挑選比腰骨高的款式，能讓上半身與下半身的視覺比例更好看。

Natural

自然型

穿搭訣竅

也適合多層次穿搭
→ P.147

30 春　30 夏　30 秋　30 冬

高領

高領或翻領，能遮住自然型人頸部的骨感。

**織紋寬鬆的
低針數款**

最好選織紋寬鬆、低針數，帶有慵懶休閒感的款式。

喇叭下襬

寬鬆的版型非常重要。選衣襬長一點的喇叭下襬，就會很漂亮。

FABIA ╱ Otto Japan

85

[CARDIGAN]

針織外套

針織外套是多層次穿搭不可或缺的單品，若配得好，還能成為造型的主角。尺寸、材質、長度都要精挑細選唷。

長度不同，味道就不一樣

針織外套除了材質、版型以外，不同長度穿在各個骨架類型上，感覺也不一樣。從短版、長版、剛好的長度中挑選合適的吧。

V 領

用標準版型穿出俐落感。深 V 剪裁能讓胸前乾淨清爽。

高針數

選織紋細密的高針數針織外套。利用細膩紋路穿出優雅時尚感。

Straight
直筒型

及腰的長度

選長度及腰、不長也不短的款式，讓上半身簡單俐落。

穿搭訣竅

扣上釦子，當作 V 領針織衫穿也很好看
→ P.119

25　28　27　18
春　夏　秋　冬

UNIQLO

Wave

波浪型

穿搭訣竅

換個穿法，就能營造
出不同的印象
→ P.127

春　夏　秋　冬

圓領

圓領能讓頸部到鎖骨
纖細的線條漂亮地顯
露出來。

短版

及腰或比腰短的下
襬，能做出腰身，讓
視覺比例更佳。短版
還能讓腿變得修長。

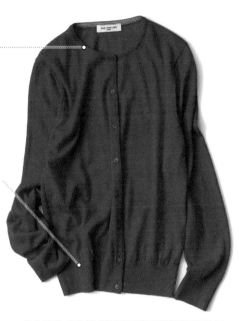

OLD ENGLAND/KNIGHTSBRIDGE INTERNATIONAL

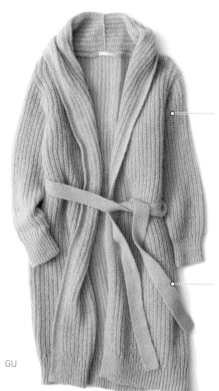

GU

低針數

建議選粗一點的低針
數針織外套，讓有稜
有角的骨架溫柔些。

長版

自然型人能將視覺比
例容易失衡的長版針
織外套穿得俐落有
型。也可以搭開襟式
罩衫。

Natural

自然型

穿搭訣竅

套在襯衫上，營造恰
到好處的休閒感
→ P.145

春　夏　秋　冬

87

BASIC
ITEM
7

[JACKET]

西裝外套

西裝外套可正式也可休閒，是非常實穿的單品。找一件剪裁合身、穿起來
帥氣有型的款式吧。

確認剪裁與尺寸

西裝外套太大或太小，穿起來都會
怪怪的，所以要先尋找合適的尺
寸。剪裁的細節也需仔細留意。

深 V 領
透過深 V 領口與簡單的
造型拉出直線，就能穿得
清爽俐落。

Straight

直筒型

經典設計
剪裁合身且口袋不明
顯，下襬長度適中能擋
住臀部，這樣的比例最
佳。

穿搭訣竅

套在隨興的衣著上，
品味瞬間提昇
→ P.117

春　夏　秋　冬

THE SUIT COMPANY/
THE SUIT COMPANY 銀座本店

Wave

波浪型

穿搭訣竅

搭配輕柔的衣著，發揮收束作用→ **P.133**

27 29 27 29
春 夏 秋 冬

淺 V 領
選擇造型簡單、V 領淺一點的款式吧。領子小一點比較合適。

短版 & 腰身
波浪型人適合短版、貼身的款式。有腰身的設計更好。

THE SUIT COMPANY/
THE SUIT COMPANY 銀座本店

渾圓下襬
波浪型人非常適合下襬渾圓的款式。這種剪裁能強調腰的位置，讓比例更好。

Natural

自然型

箱型剪裁
自然型人適合尺寸寬鬆、沒有腰身的箱型剪裁。

深口袋
建議選口袋外緣位置高一點的款式，以強調下襬的長度。

穿搭訣竅

套在 T 恤上，穿出俐落休閒感→ **P.145**

   25

2 23 23 25
春 夏 秋 冬

MOROKO BAR/
MOROKO BAR 六本木之丘店

[TIGHT SKIRT]

窄裙

簡單的窄裙在辦公室也能穿，是非常實穿的單品，可於每日穿搭中大顯身手。

長度與材質是重點

窄裙是三種骨架都能駕馭的單品，但是否合適必須視長度及材質而定。

**偏厚、
有質感的布料**
避免輕柔的質地，選擇羊毛、皮革等厚實的布料。

Straight
直筒型

長度在膝上
膝上裙能讓直筒型人露出筆直修長的小腿，但要注意不能選太短的款式。

穿搭訣竅
搭配休閒服飾，營造適度的俐落感
→ P.113

 25 春　 29 夏　 27 秋　 29 冬

THE SUIT COMPANY/
THE SUIT COMPANY 銀座本店

Wave

波浪型

穿搭訣竅

搭 T 恤也很有女人味
→ P.126

春　夏　秋　冬

有彈性的布料

波浪型適合有彈性的綿
或輕薄的羊毛，彩色粗花
呢也 OK。

長度在膝下

最好選長度在膝蓋正下方
的。或者在膝上 10cm 左
右，也很合適。

GU

Natural

自然型

穿搭訣竅

燈芯絨裙能讓休閒的
打扮變得優雅迷人
→ P.147

春　夏　秋　冬

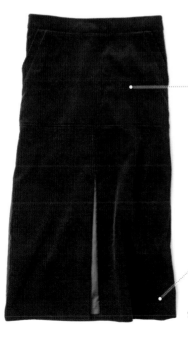

燈芯絨

丹寧、麂皮或燈芯絨等
厚實的布料，都很適合
自然型人。

長度在小腿肚

對膝蓋骨頭容易明顯的
自然型人而言，長度到
小腿肚是最合適的。

Sov./FILM

91

[LONG SKIRT]

長裙

很多人都以為個子嬌小不適合穿長裙，其實沒這回事。配合骨架找出合適的裙款吧。

挑選合適的材質與設計

長裙只要能掌握微妙的長度差異，選對材質與設計，就能穿出時尚感。

直直的版型
選能將大腿與小腿巧妙遮掩起來的直筒裙。

Straight

直筒型

長度到小腿肚
直筒型人腰的位置大多偏高，選擇小腿肚的長度，能讓雙腿看起來修長。

穿搭訣竅
即便造型休閒，只要搭上襯衫，就能穿出簡潔俐落感→ P.114

春　夏　秋　冬

UNIQLO

Wave

波浪型

穿搭訣竅

搭配貼身的西裝外套，能讓雙腿變得修長→ P.133

3 春　**1** 夏　**1** 秋　**1** 冬

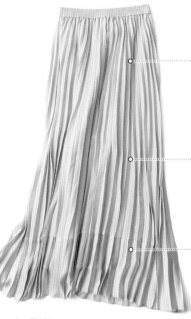

Sov./FILM

雪紡紗

選擇輕柔的雪紡紗，即便是波浪型人不擅長的及踝裙，也能穿出輕巧印象。

百褶裙

選擇百褶設計，能擴長裙看起來不過於厚重。細膩的線條很適合波浪型。

裙長不宜太長

到小腿肚是最適合波浪型人的長度，選擇可以露出腳踝的款式。

Natural

自然型

穿搭訣竅

乾淨俐落的款式加上隨興休閒的小配件更有型→ P.142

9 春　**6** 夏　**3** 秋　**8** 冬

GOUT COMMUN/
Grand Cascade inc.

休閒感布料

選綿與螺縈混紡、質感比較休閒的布料，就能將有稜有角的骨架完美遮掩起來。

長度到小腿肚或腳踝

自然型人適合穿大一點、長一點的款式。到小腿肚或到腳踝的裙長，能讓雙腳看起來輕盈些。

BASIC
ITEM
10

[PANTS]

長褲

長褲有各式各樣的造型，瞭解自己的骨架適合哪種版型，找出最適合、最能讓雙腿美麗修長的一件吧。

檢查寬度與長度

讓雙腿漂亮修長的重點，在於版型的寬度與長度。檢查一下褲管是寬、是窄，找出合適的版型吧。長度也要挑選比例最好看的。

厚實的布料

厚實的布料與褲管無反折的基本版型是最佳選擇。

Straight

直筒型

直直的褲管

直筒型人適合穿寬度標準的直筒褲。中線與直條紋布料能強調垂直的線條，是很好的選擇。

標準長度

看不到腳踝且不過長的長度，能讓視覺比例更佳。

穿搭訣竅

搭配 T 恤營造休閒風也很好看→ P.112

 22 春　 26 夏　 29 秋　 28 冬

OLR ENGLAND/
KNIGHTSBRIDGE INTERNATIONAL

Wave

波浪型

老爺褲

建議選大腿寬鬆、朝褲
管逐漸變窄的老爺褲。

八分長

能讓重心往上挪的八分
褲,是波浪型人的好拍
檔。

THE SUIT COMPANY/
THE SUIT COMPANY 銀座本店

穿搭訣竅

搭配毛皮或雪紡紗等
比較特殊的材質
→ P.137

27	24	29	28
春	夏	秋	冬

Natural

自然型

&.NOSTALGIA

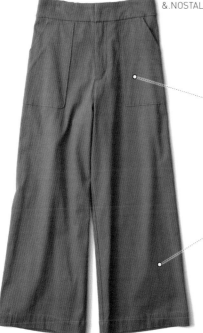

褲管寬的褲子

建議選寬褲或七分寬
褲這類褲管寬、帶有
重量感的版型。

全長褲

自然型人適合穿蓋住
腳踝的全長褲。若想
讓腳踝清爽地露出
來,也可以選稍短的
七分寬褲。

穿搭訣竅

搭上休閒配件,營造
適合自然型人的氣質
→ P.141

28	24	24	26
春	夏	秋	冬

[DENIM]

牛仔褲

有些骨架並不擅長駕馭休閒度高的牛仔褲，但只要挑對材質與版型，還是能找到合適的褲款。

確認版型

版型是合適與否的關鍵。直筒型人要選穿起來不會肉肉的剪裁，波浪型人要選不會太重、剛剛好的版型，自然型人要選休閒慵懶的款式。

直筒型牛仔褲

直筒型人穿牛仔褲，大腿及小腿看起來容易緊繃，所以要選褲管垂直的直筒褲。

Straight

直筒型

KORAL/
FASHION PEAKS

厚實的素色布料

選擇厚實、硬挺的牛仔褲，腿的線條就不會顯露出來，能拉出漂亮的直線。

穿搭訣竅

可搭配丹寧上衣，穿出專屬於直筒型人的造型→ P.115

 25 春 17 夏 21 秋 18 冬

Wave

波浪型

穿搭訣竅

搭配罩衫，營造適合
波浪型人的氛圍
→ P.12

春　夏　秋　冬

緊身牛仔褲

波浪型人不擅長駕馭牛
仔褲。若要穿，版型一
定要選緊身款，質料則
選有彈性或偏軟的布
料。

八分褲

選八分褲，讓腳踝清爽
地顯露出來，比例更
佳。

KORAL/
FASHION PEAKS

Natural

自然型

男友褲

自然型人適合男友褲
的隨興感與類似垮褲
的寬版型。

刷白加工

刷破、刷白、抽鬚的
設計，也能穿得俐落
有型。

YANUK/
CAITAC INTERNATIONAL

穿搭訣竅

搭配輕巧配件，穿成
自然型人最擅長的休
閒風→ P.141

春　夏　秋　冬

[ONE-PIECE DRESS]

連身洋裝

連身洋裝在許多場合都能穿，衣櫃裡放一件再方便不過。選對合適的設計，就能將妳的魅力突顯出來。

漂亮的身體曲線

穿連身洋裝的重點，在於讓身體呈現漂亮的線條。直筒型建議選襯衫型洋裝，波浪型選合身的圓裙洋裝，自然型選寬鬆的款式。

襯衫式洋裝

直筒型人前凸後翹的身材，適合搭配正式一點的設計。

Straight

直筒型

28 18 7 9
春 夏 秋 冬

襯衫型

直筒型人適合不過於寬鬆也不過度貼身的襯衫洋裝。長度到膝上比例最佳。

裙襬要俐落

直筒型人不適合圓裙，若要穿襯衫洋裝，也要選裙襬俐落下墜的版型。

UNIQLO

98

Wave

波浪型

 25 春　**29** 夏　**21** 秋　**29** 冬

合身的圓裙洋裝

選能突顯華麗感的合身圓裙設計，無袖可強調波浪型人的纖細。

腰身要束緊

選能充分強調纖細腰枝的版型，建議挑腰線比較高的款式。

輕飄飄的裙襬

波浪型人適合華麗的設計，因此建議穿圓裙。裙長在膝下左右，視覺比例最佳。

Sov./FILM

Natural

自然型

 26 春　 **27** 夏　 **29** 秋　 **27** 冬

寬鬆的版型

針織圓裙洋裝、垂綴的繭型洋裝都很合適。

粗針織布料

選織紋粗一點、不過於細密的針織布料，就能與自然型的氣質融而為一。

裙襬有份量

選裙長在膝蓋以下的長版款。裙襬有份量的設計最佳。

&.NOSTALGIA

99

OTHER BASIC ITEM

[WOOL COAT]

羊毛外套

羊毛外套種類豐富。掌握設計、細節、版型等適合自己的地方，讓冬季穿搭更上一層樓吧。

堅持設計

羊毛外套的設計很豐富，包含領子、下襬的造型、釦子等等。直筒型人適合穿翻領大衣，波浪型人適合穿 A 字外套，自然型人適合牛角釦外套。

簡單的設計

直筒型人適合西裝大衣這類裝飾少、造型俐落的外套。

Straight

直筒型

直線設計

下墜、直線的剪裁與恰到好處的正式感都很適合直筒型人。

穿搭訣竅

簡約的造型很適合搭配直筒型人擅長的簡約打扮→ P.122

| 27 | 26 | 24 | 27 |
| 春 | 夏 | 秋 | 冬 |

BEAUTY&YOUTH

Wave
波浪型

穿搭訣竅

想增添華麗感時，可以搭配毛皮披肩
P.136

 22 春　 26 夏　 24 秋　 27 冬

Mashu Kashu/GSI Creos

露出纖細的頸項
選領口不要開太大的圓領，強調漂亮的頸部線條。

A 字型外套
波浪型人適合短版或長度到膝下、帶有女人味的 A 字型設計。布料可以選質地輕柔的羊毛或安哥拉毛。

Natural
自然型

牛角釦外套
自然型人很適合穿帶有休閒感的牛角釦外套。寬鬆的羊皮大衣與浴袍大衣也很搭。

大一號更時尚
自然型人適合版型偏大、中性的設計。選擇穿起來寬鬆慵懶的款式吧。

穿搭訣竅

搭配素色的長裙，既優雅又休閒→ P.150

OLD ENGLAND/
KNIGHTSBRIDGE INTERNATIONAL

 22 春　 26 夏　 24 秋　 27 冬

101

OTHER BASIC ITEM

[TRENCH COAT]

風衣

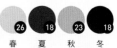

| 26 | 18 | 23 | 18 |
| 春 | 夏 | 秋 | 冬 |

風衣源自英國，以中性的設計著稱，不但任何年齡都實穿，而且永不退流行。趕快找到適合自己的一件吧。

Straight
直筒型

棉質布料
選擇厚實、硬挺，能擋住身體厚度的棉質大衣吧。

經典設計
比起有個性的設計，直筒型人更適合經典造型。長度到膝蓋最佳。

THE SUIT COMPANY /
THE SUIT COMPANY 銀座本店

輕柔的布料
薄一點的棉質或聚酯纖維大衣適合柔嫩的膚質，是最佳選擇。

短版
選短一點、能讓下半身看起來清爽的版型。腰帶繫在高一點的位置，強調腰身。

THE SUIT COMPANY/
THE SUIT COMPANY 銀座本店

Wave
波浪型

Natural
自然型

寬鬆＆長版
盡量選版型大一點、長一點，穿起來寬鬆的款式。腰帶輕輕繫上即可。

中性設計
自然型人適合不要過於正式，休閒且中性的設計。

OLD ENGLAND/
KNIGHTSBRIDGE INTERNATIONAL

[DOWN COAT]

羽絨外套

不同基因色彩的
推薦色

25　25　21　29
春　夏　秋　冬

羽絨外套因為溫暖輕巧，一直都是人氣單品。但也因為容易太休閒，所以重點就在於如何穿得不邋遢。

Straight
直筒型

基本造型最佳
不易顯胖、簡約下墜的設計最佳。

縫線窄一點
建議選縫線窄一點的款式，穿起來才會俐落不顯胖。

DUVETICA/F.E.N

帶有毛皮
建議選臉部周圍有絨毛的設計。

短版
長度到腰骨的短版比例最佳。

Wave
波浪型

Bershka

Natural
自然型

運動風
自然型人適合戶外運動也能穿的休閒運動風設計。

長版
選長度到膝蓋左右，具有份量的款式。帽子適合大一點的。

Bershka/Bershka Japan
customer service

103

OTHER
BASIC
ITEM

[ACCESSORIES]

飾品

飾品能為穿搭錦上添花。留意自己的骨架，戴上合適的款式，就能讓往常的打扮更亮眼。

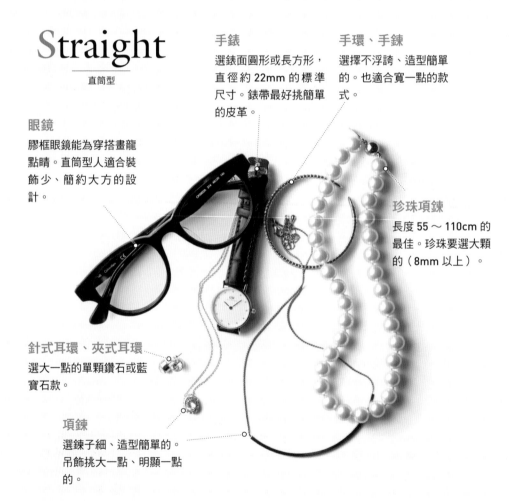

Straight
直筒型

眼鏡
膠框眼鏡能為穿搭畫龍點睛。直筒型人適合裝飾少、簡約大方的設計。

手錶
選錶面圓形或長方形，直徑約 22mm 的標準尺寸。錶帶最好挑簡單的皮革。

手環、手鍊
選擇不浮誇、造型簡單的。也適合寬一點的款式。

珍珠項鍊
長度 55 ～ 110cm 的最佳。珍珠要選大顆的（8mm 以上）。

針式耳環、夾式耳環
選大一點的單顆鑽石或藍寶石款。

項鍊
選鍊子細、造型簡單的。吊飾挑大一點、明顯一點的。

珍珠項鍊（ABISTE）、金項鍊（Ane Mone/sanpocreate）、單顆寶石項鍊（ABISTE）、單顆寶石耳環（NOBRAND）、眼鏡（ck calvinklein/Marchon Japan）、手錶（Daniel Wellington/Daniel Wellington 原宿）、手環（ABISTE）

Wave

―――
波浪型

手環、手鍊
波浪型人適合造型細膩、精緻，有特色、有鑲寶石的手鍊。

手錶
選圓形、正方形、長方形，直徑 20mm 左右的小錶面。錶帶推薦不鏽鋼或手鍊款。

針式耳環、夾式耳環
適合小型、閃閃發亮的款式，以及搖晃、垂綴的設計。

太陽眼鏡
建議選鏡片漸層、華麗的款式。鏡框可以有花紋。

珍珠項鍊
選小顆（8mm 以下）的雙鍊款，營造華麗感。長度建議 35 ～ 55cm 左右。

項鍊
波浪型人適合戴鑲上許多小寶石的項鍊，以及多條細鍊重疊、具有份量的款式。

耳環（Ane Mone/sanpocreate）、銀項鍊（ABISTE）、珠寶項鍊（Ane Mone/sanpocreate）、珍珠雙鍊（ABISTE）、太陽眼鏡（ck calvin klein/Marchon Japan）手環（Ane Mone/sanpocreate）、手錶（SHEEN/CASIO）

Natural

自然型

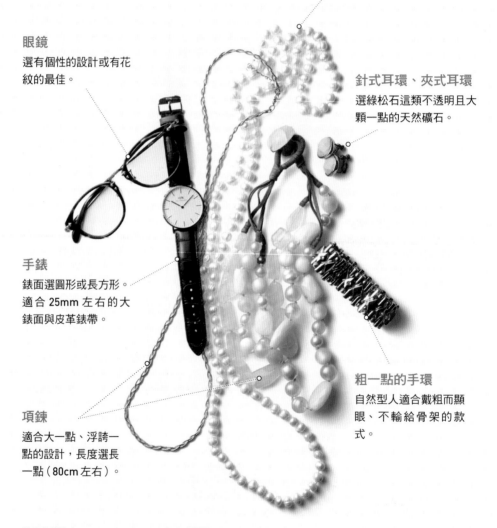

珍珠項鍊
適合長款（110cm 左右），以及巴洛克珍珠這類形狀不一的款式。

眼鏡
選有個性的設計或有花紋的最佳。

針式耳環、夾式耳環
選綠松石這類不透明且大顆一點的天然礦石。

手錶
錶面選圓形或長方形。適合 25mm 左右的大錶面與皮革錶帶。

粗一點的手環
自然型人適合戴粗而顯眼、不輸給骨架的款式。

項鍊
適合大一點、浮誇一點的設計，長度選長一點（80cm 左右）。

長珍珠項鍊（Ane Mone/sanpocreate）、金項鍊（Ane Mone/sanpocreate）、寶石項鍊（ABISTE）、耳環（Ane Mone/sanpocreate）、手環（Ane Mone/sanpocreate）、眼鏡（JINS）、手錶（Daniel Wellington/Daniel Wellington 原宿）

OTHER BASIC ITEM

[BAG]
包包

包包能為穿搭畫龍點睛。和服飾一樣，舉凡造型、大小、材質都要仔細挑選。

Straight
直筒型

皮革
有質感、正式而素雅，皮革材質是最佳選擇。

大一點，有底層
選像凱莉包一樣，有底層、能立起來的款式。

左（The Cat's Whiskers/FILM）、右（& NOSTALGIA）

圓一點、小一點
適合肩背包這類小一點、圓一點、沒有稜角的款式。

女人味
柔軟的胎牛皮、帶有光澤的漆皮都很棒。也適合手拿包。

Wave
波浪型

左（NOBRAND）、右（WATERLILY LA/FASHION PEAKS）

Natural
自然型

大一點的皮革包
重一點、帶有份量的皮革波士頓包是最佳選擇。

大托特包
休閒的托特包建議選不輸給骨架的大尺寸。

左（TUSCAN'S Firenze）右（BELLMER）

[HAT, SCARF & BELT]
帽子&絲巾&皮帶

加上這些配件，日常穿搭也會變得俐落有型。依照自己的骨架挑選合適的款式吧。

Straight
直筒型

紳士帽
選紳士帽，增添中性的帥氣感。

絲巾
建議選優雅、有質感的厚絲巾。

紳士帽（Bailey/override 明治通店）、絲巾（Ane Mone/sanpocreate）、皮帶（NOBRAND）

皮帶
適合細一點的皮帶，造型簡單的最好。

針織貝雷帽
少女風情的針織貝雷帽，與波浪型人是絕配。

輕柔的披肩
選輕柔的雪紡紗或透明的材質，增添華麗感。

動物花紋皮帶
動物花紋的胎牛皮、帶有光澤的漆皮都很合適。

Wave
波浪型

貝雷帽（override / override 明治通店）、披肩（NOBRAND）、皮帶（NOBRAND）

Natural
自然型

粗針織帽
粗一點的低針數針織帽最好。

寬版皮帶
選大一點、顯眼一點的。皮革或麻花編織皮帶皆可。

粗針織帽（arth/arth override 惠比壽店）、亞麻披肩（Ottotredici/CAP）、皮帶（NOBRAND）

紗布披肩
天然材質的披肩會比絲巾更適合自然型人。

OTHER BASIC ITEM

[SHOES]

鞋子

套上合適的鞋子，穿搭就大功告成了！注意材質與跟的高度。

Straight
直筒型

高跟樂福鞋
選跟粗一點、牢靠的款式，穿出直筒型人擅長的優雅質感。

皮革跟鞋
跟鞋是淑女穿搭必備的單品，選皮革光澤暗一點的。

左（artemis by DIANA/artemis by DIANA 東京晴空街道店）、右（Meda/MODE ET JACOMO）

娃娃鞋
有蝴蝶結的渾圓版型，最適合波浪型人古典的裝扮。

漆皮跟鞋
跟鞋建議選漆皮等華麗的質料。

Wave
波浪型

左（Pretty Ballerinas/F.E.N.）右（Carino/MODE ET JACOMO）

Natural
自然型

莫卡辛鞋
莫卡辛鞋充滿休閒感，是最適合自然型人的鞋款。

休閒跟鞋
選粗跟加麂皮材質的休閒鞋款。木頭質感的也 OK。

左（GU）右（artemis by DIANA/artemis by DIANA 東京晴空街道店）

Straight

直筒型

用真正適合的衣服變出 24 種穿搭

【 基本款 】

1 ➤ P.76

2 ➤ P.78

3 ➤ P.80

4 ➤ P.82

5 ➤ P.84

6 ➤ P.86

7 ➤ P.88

8 ➤ P.90

9 ➤ P.92

10 ➤ P.94

11 ➤ P.96

12 ➤ P.98

【 外套 】

13 ➤ P.100

14 ➤ P.102

15 ➤ P.103

\ 實穿的 6 件變化款 /

Ⓐ

丹寧襯衫

厚實的丹寧布料與襯衫的
俐落感，怎麼穿都不胖。

| 20 | 15 | 19 | 16 |
| 春 | 夏 | 秋 | 冬 |

Ⓑ

套頭針織衫

套頭領能遮住偏短的脖
子。選高針數、素色、厚
實的款式最佳。

| 26 | 23 | 23 | 25 |
| 春 | 夏 | 秋 | 冬 |

Ⓒ

騎士夾克

厚實的皮革布料，最適合
直筒型人的膚質。能為穿
搭畫龍點睛。

| 26 | 1 | 26 | 29 |
| 春 | 夏 | 秋 | 冬 |

Ⓓ

蕾絲裙

甜美的蕾絲配上縱型的窄
裙也能大方俐落。花紋選
大一點的。

| 29 | 25 | 21 | 26 |
| 春 | 夏 | 秋 | 冬 |

Ⓔ

寬褲

直筒型人上半身容易過
重，不妨搭配寬褲以下半
身為重心。

| 27 | 24 | 24 | 25 |
| 春 | 夏 | 秋 | 冬 |

Ⓕ
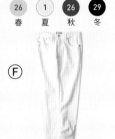

白色丹寧褲

換個顏色，搭適合直筒型
人膚質的厚實丹寧。既休
閒又俐落。

| 30 | 30 | 30 | 30 |
| 春 | 夏 | 秋 | 冬 |

【 配件 】

淑女
托特包

質料厚實的
手拿包

傳統的
貝雷帽

簡單的
運動鞋也很好

大而簡約的
披肩

▶ P.104　　▶ P.107

▶ P.109　　▶ P.109　　▶ P.108

Coordinate

01

1 + 10

Point

直筒型人適合穿簡約
俐落的褲裝。T恤則
能為容易過度正式的
褲裝增添休閒感。

Point

圍上有花紋的絲巾，
為簡約的裝扮增添華
麗感，拉出垂直線
條。

Point

灰灰霧霧的褲裝搭顏
色收斂的皮帶。再配
合鞋子的顏色，創造
出一致性。

\ Arrange! /

換上牛仔褲，穿出假日休閒風

將長褲換成牛仔褲，就能搖身一變為適合假日出
遊、活動的休閒打扮。

Coordinate
02

2 + 8

Point

簡約的服飾穿在直筒
型人身上，質感滿
分！加上珍珠項鍊更
顯優雅。

Coordinate
03

2 + 6 + 11

Point

開襟的針織外套配眼
鏡，打造直筒型人最
適合的垂直線條。

Point

搭配簡約俐落的包
包，增添氣質。

Point

休閒的棉質上衣要穿
出女人味，不妨配高
跟鞋。

包包（artemis by DIANA/artemis by DIANA
東京晴空街道店）、運動鞋（NIKE）

Coordinate

04

3 + 9

Point

襯衫是直筒型人的好
拍檔。領口的釦子打
開，做出 V 字線條，
上半身更俐落。

Point

配手拿包，氣質剛剛
好。

Point

簡約的裝扮搭配運動
鞋，立刻穿出休閒時
尚感。

TECHNIQUE

袖子捲起來，
提昇休閒感

將袖子捲起來露出手
腕，能讓上半身不過
重、更休閒。關鍵在
於不要捲得太整齊，
要隨興一點。

手拿包（WATERLILY LA/FASHION PEAKS）

Coordinate
05

Ⓐ + 11

Point

直筒型人即便丹寧上衣配牛仔褲，看起來也不會邋遢。配上典雅的帽子就能很優雅。

Coordinate
06

3 + 7

Point

襯衫配西裝外套是最正統的正式打扮。胸前搭珍珠項鍊增添華麗感。

Point

休閒打扮可以配比較正式的包包與鞋子。

Point

配尖頭高跟鞋，讓褲裝也充滿女人味。

帽子（arth/arth override atre 惠比壽店）、丹寧上衣（MOROKO BAR / MOROKO BAR 六本木之丘店）

Coordinate
07

4 + 8

Point

配上大件的披肩，就
不過度正式。

Point

將罩衫紮進窄裙裡，
穿成連身洋裝風，能
讓直筒型人凹凸有致
的身材更明顯。

披肩（OLD ENGLAND/
KNIGHTSBRIDGE
INTERNATIONAL）

Point

搭配女性化的跟鞋，
讓雙腳美美的。鞋子
與包包要選相同材
質。

\ Arrange! /

配手拿包就能參加宴會

要參加宴會時，可以將包包改成手拿包。這麼一來就會從辦公風搖身一變
成華麗晚宴風。

Coordinate
08

2 + 7 + F

Point

休閒的內搭上衣繫上
絲巾，營造優雅的海
軍風。

Coordinate
09

B + C + 8

Point

套頭針織衫、窄裙搭
配騎士夾克，營造率
性印象。

Point

用白色丹寧褲增添輕
巧氛圍。

Point

配運動鞋增添休閒感
是關鍵。

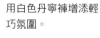

白色丹寧褲（YANUK/CAITAC INTERNATIONAL）

騎士夾克（KORAL/FASHION PEAKS）

Coordinate

10

5 + Ⓓ

Point

用直筒型人最擅長
的 V 領針織衫搭
配蕾絲裙，穿出少
女風情。

Point

甜美的針織衫與蕾
絲配上中性帽子，
為造型畫龍點睛。

Point

加入蕾絲避免單
調。與針織衫不同
的材質感更顯時
尚。

\ Arrange! /

加上披肩更華麗

搭配有份量的大披肩，可增添
華麗感。選擇與針織上衣相同
的色系，統整視覺效果吧。

蕾絲裙（Bershka）

Coordinate
11

Ⓑ ＋ 11

Point

針織衫配牛仔褲的經
典打扮，搭上貝雷帽
與眼鏡，就能不落於
俗套。

Coordinate
12

6 ＋ Ⓔ

Point

將針織外套穿成 V
領上衣，圍上披肩增
添華麗感。

Point

基本的套頭針織衫配
厚實的直筒牛仔褲，
可避免邋遢感。

Point

簡約上衣搭配明亮的
寬褲與花紋絲巾，營
造華麗印象。

套頭針織衫（無印良品）

寬褲（Sov./YAMATWO）

Coordinate
13
3 + Ⓒ + Ⓕ

Point

上下皆白的組合，
搭配率性的騎士夾
克，營造酷帥印
象。別忘了配跟鞋
增添女人味。

Coordinate
14
1 + 11 + 12

Point

將連身洋裝當長版
外套，穿搭範圍就
更廣泛了。再搭上
較正式的配件來收
束視覺效果。

Coordinate
15
5 + Ⓔ

Point

寬褲配 V 領針織
衫不但有質感，上
半身也很清爽。

Coordinate

16

Coordinate

17

Coordinate

18

Point

商務穿搭也可以配
罩衫、戴珍珠項
鍊，營造溫柔華麗
感。

Point

女性化的蕾絲裙搭
配丹寧襯衫，既休
閒又時尚。

Point

慵懶的長裙配高針
數針織衫與手拿
包，就成了優雅休
閒風。

Straight

Outer Coordinate
【 外套穿搭 】

Coordinate
19
`5` + `D` + `13`

Point

露出些微的蕾絲裙
襬，增添女人味。

Coordinate
20
`2` + `11` + `13`

Point

套在休閒的打扮上，
既俐落又有型。

Coordinate
21
`12` + `14`

Point

將腰帶繫成蝴蝶結，
醞釀甜美氣息。適合
搭連身洋裝。

Coordinate

22

3 + 10 + 14

Coordinate

23

1 + E + 15

Coordinate

24

A + F + 15

Point

簡約的商務穿搭別忘
了配絲巾與跟鞋,增
添女人味。

Point

配素色寬褲,就成了
有質感的羽絨衣穿
搭。記得添上大一點
的披肩與跟鞋。

Point

休閒的打扮配珍珠項
鍊,提昇淑女韻味。

波浪型

用真正適合的衣服變出 24 種穿搭

【 基本款 】

1　P.77

2　P.79

3　P.81

4　P.83

5　P.85

6　P.87

7　P.89

8　P.91

9　P.93

10　P.95

11　P.97

12　P.99

【 外套 】

13　P.101

14　P.102

15　P.103

───＼ 實穿的 6 件變化款 ／───

Ⓐ

橫條紋棉質上衣

波浪型人適合細細的橫條
紋。敞開的領口能露出纖
細的頸項。

25 17 29 28
春 夏 秋 冬

Ⓑ

領結罩衫

讓胸前華麗、增添份量的
罩衫。能為穿搭增添變
化。

30 30 30 30
春 夏 秋 冬

Ⓒ

針織衫

跟 6 成對的短袖針織衫。
淺淺的圓領最適合波浪型
人。

9 5 2 4
春 夏 秋 冬

Ⓓ

圓裙

優雅的膝下裙。選用亮彩
能收束整體造型。

14 22 16 22
春 夏 秋 冬

Ⓔ

迷你裙

迷你裙能讓波浪型人的腿
看起來修長,是非常搭的
單品。選材質輕柔的。

19 14 19 19
春 夏 秋 冬

Ⓕ

七、八分褲

能提昇時尚感的淺色系長
褲。選褲管細一點的,腳
才不會顯得過重。

26 30 24 25
春 夏 秋 冬

【 配件 】

帶有休閒感的
皮草手拿包

▸ P.105　　▸ P.107　　　　　　　　　　　　　　　　▸ P.108

▸ P.109　　▸ P.109

讓腿變修長
的長靴

也適合麂皮跟鞋

材質柔軟的
帽子

鬆軟的圍脖

Coordinate
01

1 + 8

Point

合身上衣搭配窄
裙，襯托波浪型人
的女人味。

Point

胸前掛太陽眼鏡，
讓 T 恤有亮點，
並將重心往上挪。

Point

T 恤視比例紮進裙
子裡，提高腰線的
位置。

Point

手拿包與披肩一起
揣在手上，能為造
型畫龍點睛。

\ Arrange! /

披上西裝外套，感覺更正式

想要正式一點時，披上西裝外套就沒問題。舉凡聚餐或工作協商等正式場
合都適用。

Coordinate

02

 + 11 + 6

Point

波浪型人拿手的多
層次穿搭。披上針
織外套,為臉部周
圍增添華麗感。

Point

休閒打扮別忘了加
上娃娃鞋,襯托女
人味。

Coordinate

03

2 + 9

Point

材質輕柔的裙子搭
配合身上衣,就不
會過於甜膩。

Point

裙子比較長時,可
以配高跟鞋減輕沉
重感。腳踝露出
來,透出多一點肌
膚。

休閒跟鞋
(Carino/Modo.et.Jacomo)

127

Coordinate
04

3 + Ⓓ

Point

綿柔的襯衫與圓
裙,是最適合波浪
型人的組合。

Point

波浪型人適合強調腰
身。將襯衫紮進下著
裡,比例更佳。

Point

搭配手拿包,就能
醞釀出不過於甜膩
的少女風情。

\ Arrange! /

搭配圍脖,增添份量

頸部也可以搭蓬鬆的圍脖、讓穿搭更有份量,這樣波浪型人的胸口就不會
空蕩蕩的。

Coordinate
05
Ⓑ + 11

Point

用適合波浪型人的
華麗罩衫，將牛仔
褲穿出高質感。

Point

穿西裝外套時將袖
口捲起來露出手
腕，強調波浪型人
的纖細。

Coordinate
06
3 + 7 + Ⓕ

Point

罩衫紮進褲子裡，做
出腰身。配上腰帶強
調腰線效果更好。

Point

配淺色褲裝與跟鞋，
緩和西裝外套的嚴肅
感。

罩衫（Sov./FILM）

八分褲（MOROKO BAR/MOROKO BAR 六本木之丘店）

Coordinate

07

 5 + **10**

Point

甜美的毛海針織衫搭
配八分褲，也能營造
出成熟氣息。

Point

微微露出腰帶。豹紋
令造型更成熟時髦。

Point

用包包與跟鞋增添女
人味，將嚴肅的打扮
優雅溫柔地統整起
來。

TECHNIQUE

上衣隨興地紮進
去，微微露出腰帶

毛海這類偏厚的上
衣，可以只從正面和
側邊紮一點點進褲子
裡，增添休閒感。想
微微露出腰帶紋路時
也可以用這個技巧。

Coordinate
08
6 + 11

Point

牛仔褲裝容易使下半身過重，搭配帽子與珍珠項鍊，就能將視線往上挪。

Coordinate
09
5 + Ⓓ

Point

毛海配圓裙的蓬蓬造型，穿在波浪型人身上一點也不厚重。上下皆採用低彩度色系，既休閒又時尚。

Point

簡單的針織衫搭配牛仔褲。添上皮草手拿包更顯華麗。

Point

雙腳穿麂皮跟鞋，增添休閒感，打造隨興自在風。

皮草手拿包（WATERLILY LA/FASHION PEAKS）

圍脖（GU）、圓裙（& NOSTALGIA）

Coordinate
07

4 + 8

Point

蕾絲罩衫搭配窄
裙，氣質甜美。選
用對比高的配色，
增添成熟韻味。

Point

包包也選溫柔甜美的
款式。掛在肩膀上，
更有女人味。

Point

跟鞋的顏色若選黑白
色系容易過重。挑柔
和的低彩度色系吧。

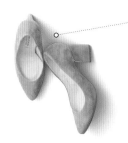

TECHNIQUE

紮進裙子裡，
比例更佳

罩衫紮進裙子裡比較
正式，還能做出波浪
型人想強調的腰身。

Coordinate

11

6 + 12

Point

簡約的連身洋裝搭配
針織外套。經典的公
主裝扮最適合波浪型
人。

Point

掛上太陽眼鏡，避免
孩子氣。雙腳穿甜美
休閒的娃娃鞋。

Coordinate

12

7 + Ⓐ + 9

Point

因素色面積較大，所
以露出一點橫條紋平
衡視覺效果。

Point

百褶裙配西裝外套，
營造成熟韻味。圍上
披肩，讓重心往上
挪。

棉質上衣（DOUBLE STANDARD CLOTHING/FILM）

Coordinate

13

`1` + `9`

Point

簡單的服飾搭配皮草
直條紋手拿包,讓配
件成為主角。

Coordinate

14

`4` + Ⓔ

Point

不同材質的穿搭組
合。腳穿麂皮跟鞋,
讓雙腿修長。

迷你裙（pool studio alivier/
銀座 maggy）

Coordinate

15

`5` + `11`

Point

素色毛海針織衫搭配
牛仔褲與長靴,營造
休閒感。

Coordinate
16
Ⓑ + 🔟

Coordinate
17
Ⓐ + Ⓕ

Coordinate
18
Ⓒ + Ⓓ

Point

罩衫搭配素色長褲，
添上女性化配件，參
加宴會也 OK。

Point

中性的打扮只要配上
麂皮跟鞋，也能產生
柔美的印象。

Point

合身上衣搭圓裙，滿
溢淑女風情。配娃娃
鞋俐落又可愛。

圓領針織衫（OLD ENGLAND/
KNIGHTSBRIDGE
INTERNATIONAL）

Wave

Outer Coordinate
【 外套穿搭 】

Coordinate	Coordinate	Coordinate
19	**20**	**21**
Ⓐ + Ⓔ + 13	Ⓑ + 10 + 13	4 + Ⓓ + 14

Point

迷你裙與 A 字外套
是絕配。搭圍脖將視
線往上挪。

Point

華麗的領結襯衫最適
合黑白勁裝。再搭上
針織帽與皮草配件。

Point

女性化的裙裝。搭配
長靴與帽子營造古典
氣質。

Coordinate
22

`1` + `10` + `14`

Point

商務成熟帥氣的風衣
打扮。經典款的穿搭
可以用配件營造衝擊
性。

Coordinate
23

`C` + `11` + `15`

Point

靠手拿包與長靴,將
休閒的羽絨外套穿出
帥氣感。

Coordinate
24

`2` + `F` + `15`

Point

簡單造型加上蓬鬆毛
皮,將羽絨外套穿出
質感。

Natural
自然型

用真正適合的衣服變出 24 種穿搭

【 基本款 】

1　P.77

2　P.79

3　P.81

4　P.83

5　P.85

6　P.87

7　P.89

8　P.91

9　P.93

10　P.95

11　P.97

12　P.99

【 外套 】

13　P.101

14　P.102

15　P.103

\ 實穿的 6 件變化款 /

Ⓐ

直條紋襯衫

麻料最適合自然型人。能穿出慵懶隨興的襯衫打扮。

20	15	19	15
春	夏	秋	冬

Ⓑ

長版針織衫

用低針數針織衫穿出慵懶感。白色百搭，衣櫃裡一定要有一件。

14	30	30	10
春	夏	秋	冬

Ⓒ

粗針織衫

低針數的簡約款式。最好選能收束整體造型的黑色。

25	29	21	26
春	夏	秋	冬

Ⓓ

翻領針織衫

隨興慵懶的造型與自然型人是絕配。織紋要選低針數款。

22	27	29	27
春	夏	秋	冬

Ⓔ

百褶裙

當亮彩點綴用的長裙。適合摺痕細密的款式。

7	8	12	1
春	夏	秋	冬

Ⓕ

白色寬褲

讓時髦度大大提昇的明亮單品，選擇下擺展開的款式。

30	30	30	30
春	夏	秋	冬

【 配件 】

率性的藤籃包

寬鬆的報童帽

▸ P.106

▸ P.107

▸ P.109

▸ P.109

▸ P.108

霧面質感的跟鞋

休閒的帆布鞋

大件的格紋圍巾

Coordinate

01

1 + 8

Point

用適合自然型人的寬鬆 T 恤搭配裙子，打造成熟休閒風。

Point

中性的 T 恤搭配長珍珠項鍊，也能很甜美。

Point

配跟鞋提昇女人味最合適。

跟鞋（MODE ET JACOMO/
KNIGHTSBRIDGE INTERNATIONAL）

\ Arrange! /

用披肩改變印象

優雅的格紋圍巾也很適合這套打扮。圍在脖子上是休閒風，當披肩披著氣質滿分。

Coordinate
02
2 + 10

Point

棉質上衣配寬褲，
營造恰到好處的休
閒感。

Point

配籐籃與麻料披
肩，增加素材感，
就不會顯得單調。

籐籃包（NOBRAND）

Coordinate
03
2 + 6 + 11

Point

男友風牛仔褲是自
然型人必備的單
品。配上項鍊增添
女人味。

Point

莫卡辛鞋配針織
帽，打造自然型人
拿手的休閒風。

Coordinate
04

3 + ⓒ + 9

Point

白襯衫配裙子，披上
慵懶的針織衫，展現
少女風情。

Point

加上帆布鞋與休閒的
針織帽，用配件營造
率性風。

Point

帶有份量感的裙子能
讓自然型人看起來時
尚動人。

\ **Arrange!** /

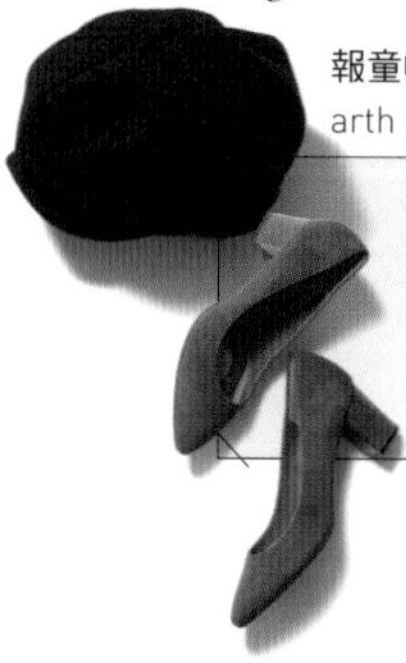

報童帽（arth/
arth override atre 惠比壽店）

針織衫（GU）、帆布鞋（CONVERSE）

換配件打造簡約風

搭配素雅的跟鞋與帽子，氣質頓時滿分。麂皮跟鞋與毛氈帽搭起來非常
自然，非常推薦。

Coordinate
05
`3` + `7` + `8`

Point
正式的打扮配上長版
西裝外套,既時尚又
休閒。

Coordinate
06
Ⓐ + `11`

Point
麻料襯衫配牛仔褲,
是自然型人最拿手的
成熟休閒風。

Point
搭配素雅的跟鞋才
不會太慵懶,比例
也更好。

Point
麂皮粗跟鞋能將自然
型人的個性突顯出
來。

麻料襯衫(BYMITY)

143

Coordinate

07

4 + F

Point

彩色罩衫搭配白色褲子,華麗感瞬間提昇。

Point

用長款項鍊,營造優雅氣質。

Point

大一點、顯眼一點的波士頓包,才不會輸給有份量的穿搭。

TECHNIQUE

寬大的襯衫可以將後面露出來,前面紮進去。這麼一來不但看起來清爽,也能維持舒適感。

寬褲(Divinque/CAITAC INTERNATIONAL)

Coordinate
08

3 + 6 + 11

Point

白襯衫配長版針織外套，營造成熟慵懶風。

Point

籐籃搭配麻料披肩，增添華麗感。

Coordinate
09

1 + 7 + 10

Point

西裝外套配休閒 T恤，打造率性風格。

Point

穿霧面質感的跟鞋，讓氣質高雅迷人。

Coordinate
10
Ⓒ + Ⓔ

Point

將簡單的針織衫穿
出淑女風情。搭配
珍珠項鍊更顯優
雅。

Point

自然型人擅長份量
厚重的裙子,與用
了大量布料、摺痕
細密的裙款十分搭
配。

Point

手提皮革包,加強
正式的印象。

百褶裙（ & NOSTALGIA）

Coordinate
11
`3` + `5` + `8`

Point
在寬鬆的襯衫外套上
針織衫,袖口與下襬
率性地露出來。

Point
翻領針織衫搭配報
童帽,讓單薄的頸
項有焦點。

Coordinate
12
Ⓓ + `10`

Point
基本的打扮配上披
肩,提昇華麗感。再
加上眼鏡與針織帽增
添趣味。

Point
添上不輸給寬鬆打扮
的大包包。

針織衫(MOROKO BAR/
MOROKO BAR 六本木之丘店)

147

Coordinate

13

5 + E

Point

寬鬆的套頭針織衫搭
份量厚重的裙款，再
配上帆布鞋，營造休
閒感。

Coordinate

14

A + 10

Point

用藍色的直條紋襯衫
穿出清爽的商務打
扮。

Coordinate

15

D + 11

Point

慵懶的翻領針織衫配
牛仔褲，一路率性到
底。再搭上莫卡辛
鞋，增添休閒感。

Coordinate

16

Ⓒ + 9

Coordinate

17

Ⓑ

Coordinate

18

4 + 8

Point

以素雅長裙為主角的
裝扮，再靠配件平衡
一下休閒感。

Point

寬鬆的針織洋裝最適
合自然型人。搭配格
紋圍巾作為亮點。

針織洋裝（DOUBLE
STANDARD CLOTHING/FILM）

Point

罩衫配窄裙穿出優雅
氣質，再加上包包營
造率性時尚。

149

Natural

Outer Coordinate
【 外套穿搭 】

Coordinate
19
`1` + `9` + `13`

Point

份量厚重的裙子搭配
牛角釦外套，再添上
披肩提昇華麗感。

Coordinate
20
`C` + `11` + `13`

Point

牛仔褲配牛角釦外套
穿在自然型人身上，
一點都不邋遢。再用
比較正式的配件收束
造型。

Coordinate
21
`B` + `14`

Point

白色連身洋裝套上風
衣，清爽不甜膩。再
加上配件優雅地統整
造型。

Coordinate

22

`3` + `10` + `14`

Coordinate

23

`12` + `15`

Coordinate

24

`5` + Ⓕ + `15`

Point

白襯衫配風衣的商務
造型。用褲子增添率
性時尚感。

Point

運動風的羽絨外套搭
配針織洋裝，一樣能
穿出女人味。

Point

素淨的裝扮將羽絨外
套襯托出優雅感。黑
白色系是自然型人的
好拍檔。

宴會穿搭
Party Coordinate

宴會穿的洋裝首重材質與造型。搭配合適的配件，就會更加華麗。

簡單的首飾

簡單、不符誇的飾品。也適合不會搖曳的耳環。

Straight

直筒型

I字型洋裝

大大敞開的領口與垂直的I字型剪裁，最適合直筒型人。布料要選厚一點的。

連身洋裝（Sov./ FILM）、包包（artemis by DIANA 東京晴空街道店）

霧面材質的包

建議選裝飾少、霧面材質的宴會手拿包。

華麗的項鍊

用亮晶晶的華麗項鍊點綴胸前。推薦鑲有礦石的款式。

Wave

波浪型

圓裙洋裝

適合華麗的圓裙。挑一動就會飄逸的輕柔布料，長度選短一點吧。

連身洋裝（pool studio alivler/ 銀座 maggy）、皮草圍脖（DOUBLE STANDARD CLOTHING/ Amazon Fashion）、包包（ABISTER）

毛草披肩

毛草披肩能為頸部增添雍容華貴感。拿在手上也很俏麗迷人。

偏大的首飾
礦石大一點、鍊子
也盡量長一點，才
顯得華麗。

Natural
自然型

寬鬆的洋裝
選用了大量布料、
版型寬鬆的洋裝。
長度挑不露出膝蓋
的最佳。

大一點的手拿包
大一點的包包拿在自
然型人手上，華麗又
不浮誇。

連身洋裝（GOUT COMMN／
Grand Cascade C.）、包包
（ABISTE）

‖ 推薦的髮型 ‖

Straight	Wave	Natural

俐落的晚宴髮髻	**華麗的公主頭**	**自然率性的盤髮**
清爽露出脖子的晚宴髮髻最合適。整齊的梳妝能將直筒型人的美襯托出來。	紮成髮髻看起來會有些單薄，比起完全往上梳，倒不如綁公主頭，更顯得甜美華麗。	自然型人適合率性自然、不一絲一苟的髮型。隨興地拉出髮鬢，營造女人味吧。

時尚美女必備的「裸感」！

穿搭時，我們可以運用自然裸露肌膚的技巧，來創造「裸感」。
以下介紹推薦的裸感技巧，趕快試試看吧。

＼ 裸感技巧 1 ／
手臂清爽

隨興地捲起來

穿長袖時，將袖子往上捲，露出手臂吧！
隨興捲會比整齊捲更時尚。

隨興地捲起來

＼ 裸感技巧 2 ／
露出腳踝

穿牛仔褲或休閒長褲時，可以將褲管捲起來，露
出腳踝。裸露出踝骨，看起來就會俐落清爽。

＼ 裸感技巧 3 ／
露出頸項

衣領後拉

穿襯衫等立領服飾時，可以將領子向背後拉，露
出頸項，這麼做不但清透動人，還能營造慵懶的
氣息，非常推薦。

打造完美衣櫃的
五堂課

—

瞭解哪些服飾適合後，

就要來實際穿搭看看了。

接下來要教妳判斷手邊的衣服是否真的適合妳，

以及購買新衣服時要注意哪些地方。

<table>
<tr>
<td>

</td>
<td>

【 先整理手邊的衣服 】

檢查衣櫃

</td>
</tr>
</table>

要活用骨架分析與色彩診斷，首先得整理手邊的衣服。
將衣櫃裡的衣服巡視一遍，掌握哪些是合適的款式吧。

////////////// **檢查手邊衣服的骨架與顏色！** //////////////

將衣櫃裡的衣服全部翻出來，一件一件確認！

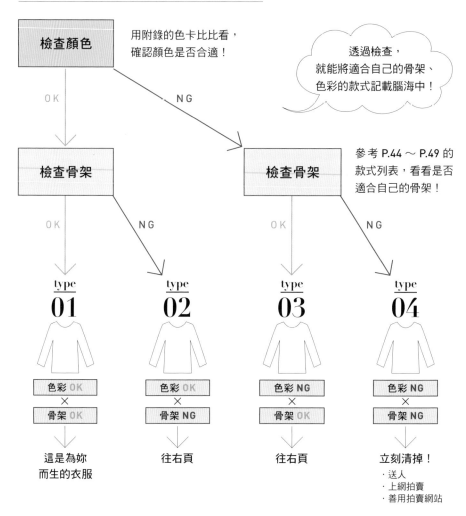

type 02

顏色 OK × 骨架 NG 時

這類衣服穿起來氣色雖好，身材卻不好看，可以的話盡量清掉！

猶豫
不決時……

- 基本款
- 和 type01 的衣服很好搭

→ 可以留下來，再運用穿搭技巧（P.166）來駕馭

- 造型極端
- 和 type02 的服飾不搭

 → 狠下心扔掉！

---

type 03

顏色 NG × 骨架 OK 時

這類衣服穿起來身材雖好，
氣色卻很差，可以的話盡量清掉！

猶豫
不決時……

- 基本色
- 和 type01 的衣服很好搭

- 下半身
- 小配件

→ 可以留下來，再運用穿搭技巧（P.166）來駕馭

- 顏色鮮艷突兀
- 不曉得該怎麼穿

 → 狠下心扔掉！

\ 狠不下心來…… /

衣服很貴捨不得丟！

買了不適合的衣服又不穿，才是浪費空間與金錢。放開那件衣服，妳才能擁有合適的新衣！

衣服會變得很少

與其每天一套換過一套、穿不合適的衣服，不如穿少量但合適的款式。不僅不必煩惱，透過輪流搭配照樣很時尚！

【 在購物前 】

想像適合哪些衣服

最理想的方法是將適合自己的材質、版型、顏色牢記在腦中，
購物時立刻判斷。先想一下哪些款式適合自己吧。

//////////////////// **確認購物表** ////////////////////

妳需要
什麼樣的單品？

先將 LESSON1 中整理出來的衣服，
用 P.168 ～ 171 的表格檢查一下。這
麼一來缺少哪些款式就一目瞭然了。

＼ **P.168 ～ 171 款式速查表** ／

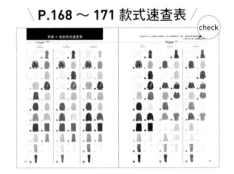

check

//////////////////// **在雜誌上尋找合適的衣服** ////////////////////

購物再也不迷惘！
製作便利的剪貼簿

有時興沖沖地去買衣服，反而會不曉得該挑
哪一件。不妨在購物前，先參考雜誌構思一
下，想好要新添購哪些款式，然後製作剪貼
簿，這麼一來想要哪件衣服就能一目瞭然
了，在購物時找起來非常方便。製作方法很
簡單，從雜誌上把想要的衣服剪下來，貼在
筆記本裡就完成了。若雜誌上的款式無法完
全符合需求，也可以在一旁註記「顏色淺一
點的」、「沒有荷葉邊的」等等。

從雜誌中尋找想買
的款式

只要有剪刀
和膠水，就
能輕鬆完成

貼在速寫簿或筆記本
裡都 OK

剪貼簿範例

剪下與想買的款式類似的單品！

寫下品牌、店面名稱與價格，會更方便

買好的款式打勾

參考附錄的色卡，寫下適合自己的顏色與想買的顏色

針對材質與版型寫下與自己的特質相符的註記

這樣也 OK！

用智慧型手機，製作數位剪貼簿

用智慧型手機或平板電腦製作數位剪貼簿也很不錯。只要將網路上的衣服照片存到相簿裡即可。不但購物時攜帶方便，還能依照款式分類，非常推薦。

善用相簿功能！

將網路圖片存起來！

【 去買合適的衣服吧！ 】

購物時要注意的地方

想好要買的衣服後，就趕緊出發逛街吧！
將購買適合衣服要注意的地方先記起來。

////////// 先檢查顏色與花紋！ //////////

一件衣服最顯眼的地方是顏色與花紋，因此必須先檢查這兩項。花紋可以參考 P.21、P.27、P.33 確認，顏色則用附錄的色卡比比看衣服來判斷。若顏色只是深淺不同，可直接視為適合的色彩。

顏色判斷範例

色卡

偏淡	偏深
OK！	OK！
偏黃	偏藍
NG	NG

////////// 檢查材質！ //////////

接在顏色與花紋之後，接著要檢查材質。每種骨架適合的質地不同，直筒型人要穿厚實硬挺、有質感的布料，波浪型人要穿輕飄飄、軟綿綿的布料，自然型要穿手感明顯、粗糙一點的布料。

\ 不同骨架的材質關鍵字 /

直筒型 Straight	＝ 硬挺 ⟶	P.21
波浪型 Wave	＝ 輕柔 ⟶	P.27
自然型 Natural	＝ 粗糙 ⟶	P.33

////////// 檢查版型！ //////////

確認完顏色和材質後，就要判斷「版型是否適合自己的骨架」了。上衣可以從領口、袖子、衣襬的長度來檢查，下著則要看長度與裙襬、褲管的寬度。有些衣服的設計會將不同骨架的特色混合在一起，找出符合最多的款式，視整體造型來判斷吧。

\ 檢查版型！ /

上衣 ⟶ P.44～46、P.76～89

下著 ⟶ P.47～49、P.90～97

最後就是試穿、檢查看看了。
把以下該注意的地方都記起來吧。

領口 → P.44～45

Straight…
□脖子看起來會變短嗎？
Wave…
□胸口會太開，看起來空蕩蕩
　的嗎？
Natural…
□鎖骨會過於明顯嗎？

袖 → P.45～46

Straight…
□手腕會顯粗嗎？
Wave…
□手腕感覺沉重嗎？
Natural…
□腕骨看起來明顯嗎？

上衣的版型

Straight…
□會太貼身、看起來壯壯
　的嗎？
Wave…
□會太邋遢，像偷穿大人
　的衣服嗎？
Natural…
□是否夠寬鬆，不過於貼
　身？

上衣長度

Straight…
□長度剛好在腰部嗎？
Wave…
□長度在腰上嗎？
Natural…
□長度在腰下嗎？

側面
也要檢查

裙子後面
也不能翹起來

前面
不能翹翹的

檢查
背面！

臀部下方與膝蓋
後方若有皺紋，
代表尺寸太小，
要再大一號

下著長度 → P.47

Straight… □腿看起來會不會太粗
Wave… □腿看起來會不會變短
Natural… □膝蓋與筋會不會太明顯

下著線條

Straight… □腿看起來會不會太粗
Wave… □下半身看起來會不會過重
Natural… □版型是否寬鬆

161

注意這些細節就不會失敗！

不同骨架容易犯的錯

接下來要介紹挑衣服時，各骨架類型容易犯的錯。
這些都是很基礎的穿搭原則，不妨當作購物時的參考。

直筒型
Straight
容易犯的錯 NG

- 擔心穿起來太壯，結果挑大一號

- 不想讓上半身太顯眼，結果把脖子周圍藏起來

\ 小心陷阱！ /

- 大一號的衣服容易顯胖，要找肩線剛剛好的款式。

- 不要擋住脖子，應該要敞開一點，讓頸項乾淨清爽！

波浪型
Wave
容易犯的錯 NG

- 想看起來苗條，而選擇直條紋的衣服

- 擔心腿太短，而選擇又長又大的下著

\ 小心陷阱！ /

- 應該要選擇能突顯曲線的版型，讓身體呈現漂亮的線條

- 選擇露出膝蓋或腳踝的下著，在視覺上才會輕巧，比例也會比較好

自然型
Natural
容易犯的錯 NG

- 想避免陽剛，而選擇裸露的衣服

- 想看起來更瘦，而選擇輕柔的材質

\ 小心陷阱！ /

- 比起裸露肌膚，穿版型寬鬆、慵懶的衣服，更有女人味

- 選麻料等樸素的布料最好。既時尚又能襯托出成熟的女性特質。

網路購物技巧

網路購物只要在家裡動動指頭就能買衣服。雖然方便，但也容易因為看不見實體而失敗。接下來要介紹讓網購成功需注意的地方。

////// 一定要確認尺寸表 //////

大部分的網路購物都會附上尺寸表。除了一般的 S、M、L、XL 或 F 等標示外，不少網站也會隨每一件衣服寫出衣服的長度、肩寬等細項。購物時一定要尋找尺寸頁面，確認大小。量手邊的衣服，比較看看就很清楚了。

尺寸表範例

尺寸	肩寬	胸寬	衣長	袖長
S	70	42	47	61.5
M	73	43	50	63
L	75	46	53.5	64.5
XL	77	47.5	55	66

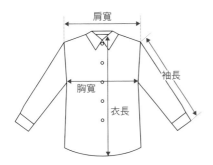

////// 檢查材質 //////

檢查衣服的質料是否適合自己。盡量選擇有標示材質的款式，若沒有標示，可以看照片盡量判斷看看。白色上衣要特別留意，若模特兒穿起來會透膚，代表布料往往比想像中的薄。

////// 注意照片的顏色 //////

網路上的照片有時和實品會有色差。想像實品的顏色或許很困難，但還是可以觀察一同入鏡的衣服與模特兒，選擇與想買顏色相近的色款。也可以參考其他消費者拍攝的照片。

////// 試穿後最終抉擇！ //////

網路購物有一週左右的鑑賞期。可以的話，建議還是購買喜歡的衣服，在家裡試穿看看。這麼一來就能確認從照片裡無法判斷的顏色、質料，也可以和手邊的衣服搭配看看。能否退貨、是否收運費、鑑賞期多久，這些規定一定要在網站上事先確認清楚。

解決煩惱與疑問！

接下來要回答用骨架挑選衣服時，容易遇到的煩惱與疑問。
找出自己真的想穿、適合的款式吧。

煩惱 1

適合的款式我不喜歡……

若無法完全接受，
就選材質適合的。

有時適合的衣服怎麼看都不順眼，那就挑材質適合的款式。例如當直筒型人想穿甜美的罩衫，而不是俐落的襯衫時，不妨找材質厚實的綿或絲綢罩衫，這麼一來即使造型偏可愛，也可以穿得很好看。

想穿
輕飄飄的罩衫，

材質不變，
只換造型

全身波浪型

上衣不變，
只改直筒型的褲子
也 OK。

Wave
×
Summer

Wave
×
Summer

Wave
×
Summer

Wave
×
Summer

Straight
×
Winter

上衣與臉部周圍
盡量挑合適的款式。
下著可以配自己喜歡的。

靠近臉部的上衣與披肩，最容易左右適合或不適合，因此上衣要盡量挑合適的款式。例如若是波浪夏季型，上衣就可以選骨架、顏色皆合適的款式，下著則選不同類型也OK。

我是直筒型，不管怎麼穿都很嚴肅…………

選擇休閒的款式

直筒型人適合硬挺、有質感的材質，但也容易穿得過於嚴肅。此時不妨加些休閒的單品，像是上衣 T 恤、下著丹寧裙、鞋子選不要太粗糙的帆布鞋。選擇造型與材質皆合適的休閒款，就能營造出恰到好處的率性氛圍了。

我是波浪型人，容易穿得太甜膩……

用顏色調整，材質與裝飾不要太繁複

波浪型人的衣服往往容易過於可愛，這時不妨選顏色較成熟的款式，像是灰色、駝色、深一點的綠色或藍色，從自己的基因色彩中挑出比較沉穩的色調。另外，雪紡紗加荷葉邊這類甜美元素過多的衣服也會給人太甜膩的印象。若要穿雪紡紗，可以選造型乾淨的款式，不要有太多裝飾。

我是自然型，該怎麼去掉男人婆的感覺……

穿裙裝、加首飾

自然型人適合休閒感，但也容易太陽剛。保留慵懶的感覺，加入女性化的配件吧。例如飄逸的長裙，鑲了大顆寶石、氣質華美的首飾，再搭配跟鞋，就會立刻充滿女人味。顏色要選溫柔明亮的款式。

【 依骨架分類 】

如何駕馭不拿手的款式

接著要介紹如何駕馭手邊不適合自己的款式。

不能買新衣服時，以及不論如何都想穿心愛的衣服時，就可以試試看。

| 掌握合適的重點！ |

Straight 的駕馭技巧
直筒型

衣領敞開

下半身穿窄裙

◀ **Tops：〔輕柔的罩衫〕**

蓬蓬的罩衫要強調
領口與線條

穿造型甜美、蓬蓬的罩衫時，要將領口打開，營造清爽的感覺，上半身才不會過重。另外，搭配的下著也可以選窄裙，讓身體的輪廓接近 I 字型。

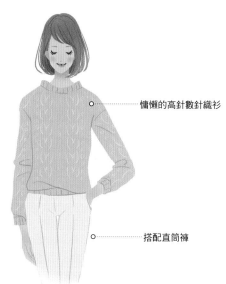

慵懶的高針數針織衫

搭配直筒褲

Tops：〔慵懶的針織衫〕 ▶

靠褲裝
拉出筆直的線條

慵懶的針織衫也是人氣單品。直筒型人要駕馭慵懶的氣息，必須避免穿得臃腫。下半身搭配直筒褲，就能拉出 I 字型的筆直線條，讓身形清爽俐落。

Wave _{波浪型} 的駕馭技巧

○—— 繫上絲巾

🔼 **Tops**：〔俐落的襯衫〕

頸部增添份量，
點綴華麗感

若要穿襯衫，可以將頸項裝飾得華麗些。用蓬鬆的雪紡絲巾減少空蕩蕩的感覺吧。

Bottoms：〔慵懶的寬褲〕 🔽

繫上腰帶
強調腰身

寬大的下著容易讓下半身過重。在腰部繫上皮帶，將腰身突顯出來吧。上衣也要記得紮進去。

○—— 上衣紮進去
○—— 細一點的皮帶

Natural _{自然型} 的駕馭技巧

大一點的礦石項鍊 ┈┈○

🔼 **Tops**：〔U 領棉質上衣〕

把鎖骨漂亮地
遮起來

U 領容易突顯自然型人的鎖骨，導致太骨感。在頸部掛上大顆礦石的項鍊，漂亮的遮掩起來吧。

Bottoms：【膝上裙】 🔽

穿褲襪，
讓膝蓋與筋不要太明顯

穿膝上裙時，膝蓋與腳筋容易太明顯。穿厚一點的褲襪，就能掩蓋下半身的缺點，讓雙腿漂亮修長。

○—— 厚褲襪

Straight 直筒型

春 Spring		夏 Summer		秋 Autumn	
30	28	30	18	30	7
9	27	7	26	3	24
30	26	30	18	30	23
3	25	14	25	2	21
22	20	26	15	28	19
25	26	28	23	27	23
27	26	29	1	21	26
25	29	29	25	27	21
14	27	23	24	15	24
22	30	26	30	29	30
25		17		21	

此附錄是將 Part3 介紹的款式依照骨架 × 色彩分類所整理成的一覽表。在整理衣櫃及購物時都能派上用場唷！

※ 顏色只是大概。與實際商品顏色不同。

Wave 波浪型

冬 Winter	春 Spring	夏 Summer

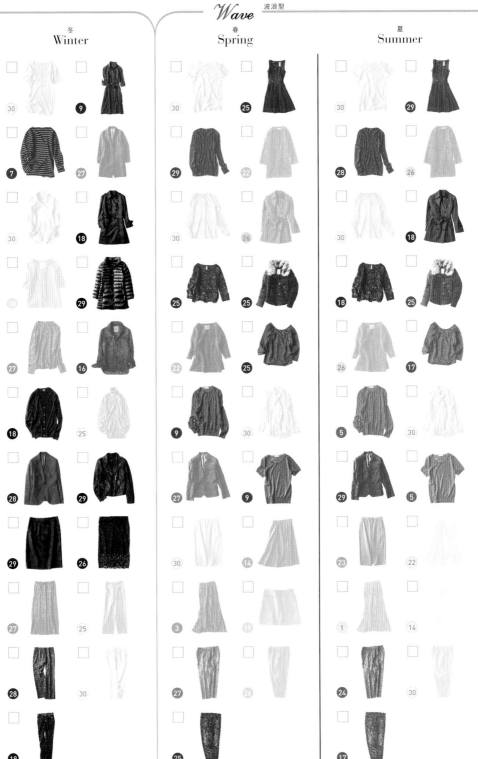

秋 Autumn

冬 Winter

春 Spring

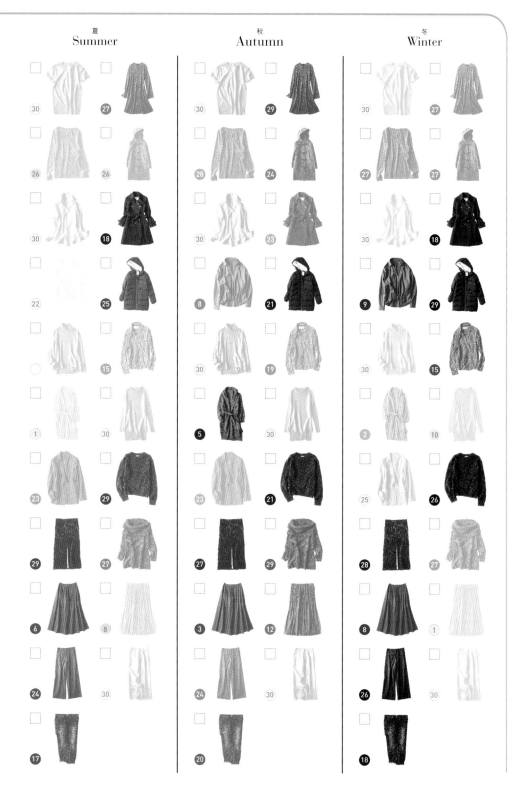

骨架分析 × 基因色彩＝史上最強最美穿搭術〔暢銷新裝版〕

作　　者—二神弓子
譯　　者—蘇暐婷
主　　編—林巧涵
責任企劃—蔡雨庭
封面設計—高郁雯
內頁排版—黃雅藍

第五編輯部總監—梁芳春
董 事 長—趙政岷
出 版 者—時報文化出版企業股份有限公司
　　　　　108019 臺北市和平西路 3 段 240 號 7 樓
　　　　　發行專線—（02）2306-6842
　　　　　讀者服務專線— 0800-231-705　（02）2304-7103
　　　　　讀者服務傳真—（02）2304-6858
　　　　　郵撥—19344724 時報文化出版公司
　　　　　信箱—10899 臺北華江橋郵局第 99 信箱
時報悅讀網—www.readingtimes.com.tw
電子郵件信箱—books@readingtimes.com.tw
法律顧問—理律法律事務所陳長文律師、李念祖律師
印　　刷—和楹印刷股份有限公司
二版一刷—2023 年 4 月 14 日

定　　價—新台幣 380 元
版權所有，翻印必究（缺頁或破損的書，請寄回更換）
ISBN 978-626-353-597-8｜ Printed in Taiwan｜ All right reserved.

時報文化出版公司成立於一九七五年，並於一九九九年股票上櫃公開發行，
於二〇〇八年脱離中時集團非屬旺中，以「尊重智慧與創意的文化事業」為信念。

骨架分析×基因色彩＝史上最強最美穿搭術〔暢銷新裝版〕/ 二神弓子著；蘇暐婷譯.
-- 二版 . -- 臺北市：時報文化，2018.11
譯自：骨格診断×パーソナルカラー 本当に似合う服に出会える魔法のルール
ISBN 978-626-353-597-8（平裝）1. 女裝　2. 衣飾　3. 時尚　423.23　112002749

日文版工作人員

スタイリスト	菅沼千晶
カバーフォト	草間智博
撮影	草間智博
カバーデザイン	村口敬太（STUDIO DUNK）
デザイン	村口敬太（STUDIO DUNK）
	池口香萌（D会）
イラスト	miya 和田七瀬
モデル	澤田泉美 田村るいこ
	矢原里夏（SPACECRAFT）
ヘアメイク	鎌田真理子
診断協力	上内奈緒（株式会社 ICB）
編集協力	加藤風花 鬼頭美邦（STUDIO PORTO）
	岡田舞子

衣装協力

arth / arth override アトレ恵比寿店
Ane Mone / サンポークリエイト
ABISTE
Amazon Fashion /amazon.co.jp
artemis by DIANA / artemis by DIANA 東京ソラマチ店
&.NOSTALGIA
WATERLILY LA / FASHION PEAKS
override / override 明治通り店
OLD ENGLAND / ナイツブリッジ・インターナショナル
Ottotredici / CAP
carino / モード・エ・ジャコモ
GOUT COMMUN / グランカスケードインク
KORAL / FASHION PEAKS
CONVERSE/ コンバースインフォメーションセンター
The Cat's Whiskers / フィルム
THE SUIT COMPANY / ザ・スーツカンパニー 銀座本店
ck Calvin Klein / マーション ジャパン カスタマーサービス
GU
SHEEN / カシオ計算機
JINS
Sov. / フィルム
SAINT JAMES / セント ジェームス 代官山店
TUSCAN'S Firenze
Daniel Wellington / ダニエル・ウェリントン 原宿店
DOUBLE STANDARD CLOTHING / FASHION PEAKS
Divinique / カイタックインターナショナル
DUVETICA / F.E.N.
DOMA / FASHION PEAKS
FABIA / オットージャパン
BYMITY　http://www.bymity.com
PrettyBallerinas / F.E.N.
pool studio alivier / 銀座マギー
Bailey / override 明治通り店
Bershka / ベルシュカ・ジャパン カスタマーサービス
Mashu Kashu / GSI クレオス
Meda / モード・エ・ジャコモ
MOROKO BAR / MOROKO BAR 六本木ヒルズ店
MONROW / FASHION PEAKS
YANUK / カイタックインターナショナル
上記の問合せ先にない商品はすべてスタイリスト私物